DENKSCHRIFT ZUM WIEDERAUFBAU
DER RHEINBRÜCKE DÜSSELDORF—NEUSS 1950-1951

ÜBERREICHT

DURCH DIE FEDERFÜHRENDE FIRMA

BRÜCKENBAU

HEIN, LEHMANN & CO. A.G.

DÜSSELDORF

DENKSCHRIFT

RHEINBRÜCKE
DÜSSELDORF-NEUSS
1950-1951

Springer-Verlag Berlin Heidelberg GmbH

Zusammenstellung der Beiträge:

Straßen- und Brückenbauamt der Stadt Düsseldorf

Fotos:

Exter, Düsseldorf, und Werkfotos der beteiligten Firmen

ISBN 978-3-662-01387-8   ISBN 978-3-662-01386-1 (eBook)
DOI 10.1007/978-3-662-01386-1

Softcover reprint of the hardcover 1st edition 1951

Im Buchhandel durch den Springer-Verlag Berlin - Göttingen - Heidelberg zu beziehen

ZUM GELEIT

Die Oberbürgermeister der Städte Düsseldorf und Neuß.

Der Wiederaufbau der Straßenbrücke über den Rhein zwischen Düsseldorf und Neuß ist vollendet. Die beiden aufwärts strebenden Städte haben wieder ihre Brücke. Leichter, tragfähiger, breiter und schöner ist sie aus einem Gewirr von Trümmern wieder erstanden. Jeder Neußer und Düsseldorfer hat die neue Brücke bereits in sein Herz geschlossen; er findet sie elegant und großzügig, sie spricht ihn an, weil sie dem Lebensstil von heute verwandt ist.

Neuß und Düsseldorf haben enge Beziehungen zu ihrer Brücke. Bei allem friedlichen Eigenleben, das sie führen möchten, haben sie doch ein feines Gefühl dafür, daß ein freundnachbarschaftliches Verhältnis beiden Schwesterstädten nur von Vorteil sein kann. Die Brücke ist Trägerin neuer Impulse, die weit über beide Städte hinausreichen. Die neue Rheinbrücke gibt den Weg frei zu europäischen Nachbarvölkern. Sie kann dem freundschaftlichen Verkehr zwischen geistigen und wirtschaftlichen Zentren europäischer Nationen dienen; möge sie auch dazu reichlich genutzt werden!

Neuß und Düsseldorf mußten sich für die Durchführung des Werks dem Brückenbauer, dem pontifex, anvertrauen. Ihm war die Aufgabe gestellt, die Trennung durch ein kühnes Bauwerk zu überwinden. Vor aller Augen hat sich nun in kurzer Zeit das Wunderwerk eines modernen Brückenschlages vollzogen. Dieses Geschehen hat jeden Beobachter gepackt, es hat ihm Bewunderung abgerungen für das Können, den Wagemut und die Hingabe der Ingenieure, der Werkmeister wie überhaupt aller mit Kopf oder Hand Beteiligten. Ihnen sei hiermit die gebührende Achtung gezollt und der Dank der beiden Städte für das gute Gelingen des Bauwerks ausgesprochen.

Die Brückenbauer, die pontifices, sind schon seit Urzeiten zu einem Begriff geworden für Männer, die über Trennendes zum ersehnten, hochgesteckten Ziel glücklich hinführen, nüchtern wägend, das Mögliche wagend, und das Beste gebend. Mögen sich auf allen Gebieten des Geistes und der Wirtschaft und überall in der Welt solche Männer finden zum Wiederaufbau von dauerndem Frieden und Wohlstand. Auch die neue Brücke soll zu ihrem bescheidenen Teil Wegbereiterin sein. Diese Festschrift aber wolle Zeugnis ablegen von dem deutschen Aufbauwillen und von dem hohen Stande der deutschen Brückenbautechnik.

D ü s s e l d o r f , den 17. November 1951   N e u ß , den 17. November 1951

Oberbürgermeister.   Oberbürgermeister.
(Gockeln)   (Alf. Frings)

Die Oberstadtdirektoren der Städte Düsseldorf und Neuß.

Düsseldorf und Neuß werden gerne als die Pforte ins Ruhrgebiet bezeichnet. Sie sind die Angeln eines Tors, das sich jetzt wieder weit geöffnet hat. Durch dieses Tor führt der Weg über den Rhein zu den Städten Neuß und Düsseldorf und weiter zum Ruhrgebiet. Noch leichter und kühner als früher springt die wiedererstandene Brücke über die teils erneuerten Pfeiler von Ufer zu Ufer. Sie bereichert die Landschaft, ihre klare, schlichte Linie fügt sich unaufdringlich ins Bild der niederrheinischen Landschaft. Sie ist eleganter, gediegener und einfacher geworden als ihre Vorgängerin. Im Material ist sie edler, in der Breite großzügig.

Die neue Brücke verkörpert in sich das Können und die Kühnheit der gestaltenden Ingenieure, den Schwung der Unternehmer, die Materialbeherrschung der Werkmeister und die Geschicklichkeit der Werkleute. Das Tempo, mit dem der Bau vorangetrieben wurde, legt bestes Zeugnis ab von der Hingabe der einheimischen Kräfte an das große Werk.

Ein Großbrückenbau löst eine fast unübersehbare Fülle von Arbeit auch innerhalb der Stadtverwaltung aus. Es sei erinnert an die Bemühungen zur Finanzierung, deren glückliches Ergebnis ja erst die Voraussetzungen für die Durchführung des Bauvorhabens schuf, an die umfangreichen Vorarbeiten, die erst den Entschluß über die Gestalt der Brücke und ihre Hauptabmessungen möglich machten, an die organisatorischen Aufgaben, von deren Lösung der glatte Ablauf der Bauarbeiten abhängt, und nicht zuletzt an das Maß von Verantwortung, das die Stadtverwaltung als Bauaufsichtsorgan auf sich nimmt. Wir dürfen mit Genugtuung feststellen, daß diese Aufgaben trotz entgegenstehender erheblicher Schwierigkeiten z. B. in der Materialbeschaffung mit einem Geringstaufwand gut und rasch gemeistert worden sind.

In der Fachwelt des In- und Auslandes begegnet die Brücke lebhaftem Interesse, was sich vor allem durch die vielen Besuche während der Baudurchführung bekundet hat. Ein neu ententwickelter, hochwertiger Baustahl wurde verwandt. Dank seiner bisher nicht erreichten besonderen Eigenschaften durfte man es wagen, alle in der Werkstatt herzustellenden Verbindungen zu schweißen. Die letzten Fortschritte in der mechanischen Schweißtechnik sind dabei angewandt worden. Die gewählte Form der Leichtfahrbahn hat unter den Fachleuten wegen ihrer günstigen Maßverhältnisse besondere Beachtung gefunden. Schließlich ist die Stützweite von 206 m in der Mittelöffnung, die durch kühnen Freivorbau bezwungen wurde, bei der gewählten Bauart bis heute einmalig.

Man darf feststellen, daß durch dieses Brückenbauwerk der gute Ruf deutscher Werkarbeit wieder ins Ausland dringt und mit ihm die Namen der Städte Düsseldorf und Neuß. Den Düsseldorfern und Neußern aber wird die Brücke wieder eine lang ersehnte, willkommene Dienerin am Verkehr sein. Möge sie Bestand haben und auf beide Städte befruchtend wirken.

Düsseldorf, den 17. November 1951   Neuß, den 17. November 1951

Oberstadtdirektor.   Oberstadtdirektor.

(Dr. Hensel)   (Dr. Nagel)

Inhaltsverzeichnis.

Die neue Rheinbrücke Düsseldorf—Neuß.

GESCHICHTE DER RHEINBRÜCKEN

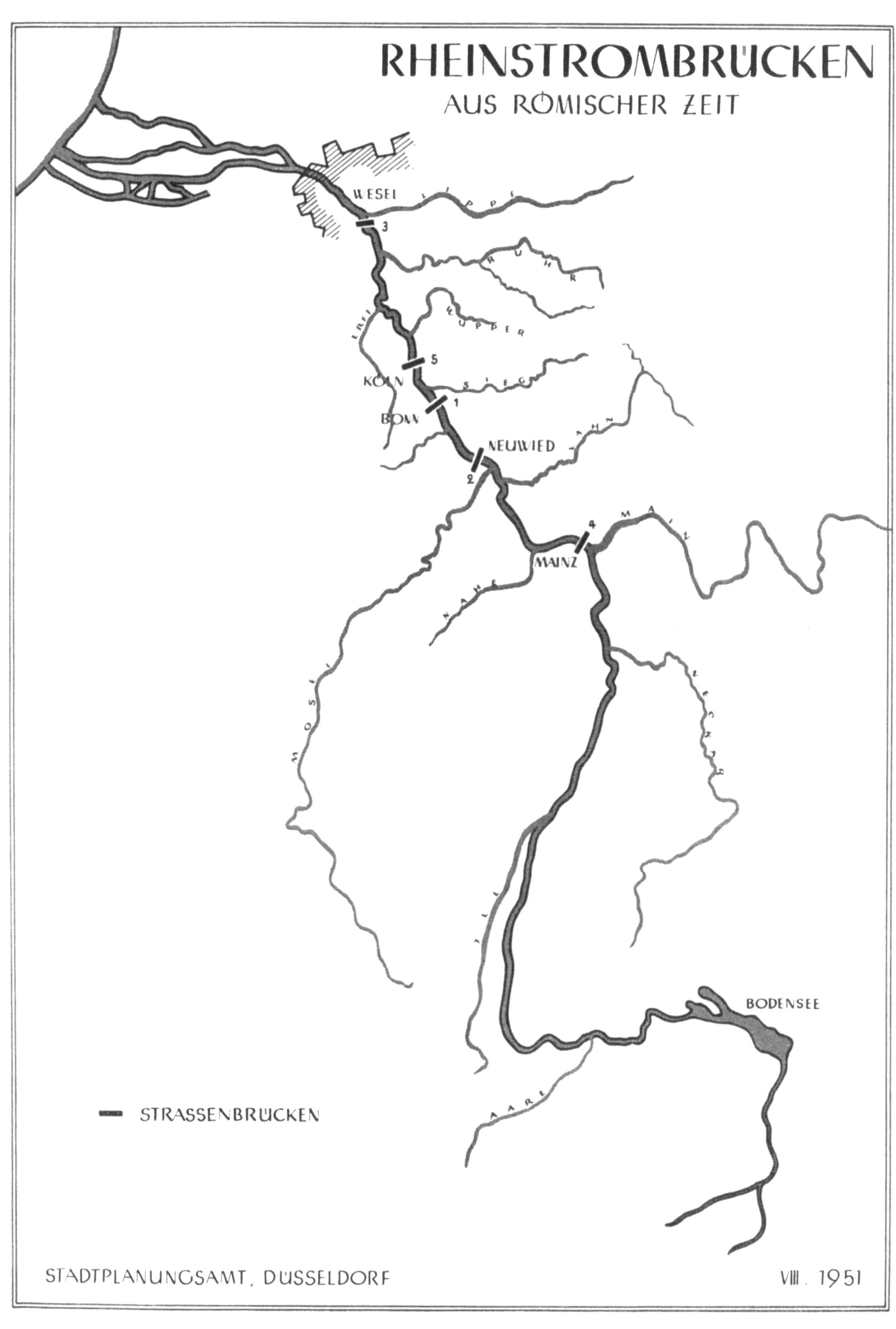

RHEINSTROMBRÜCKEN
AUS RÖMISCHER ZEIT
WESEL
3
LIPPE
RUHR
WUPPER
5
SIEG
KÖLN
1
BONN
NEUWIED
LAHN
2
MAIN
4
MAINZ
NAHE
MOSEL
NECKAR
BODENSEE
AARE
STRASSENBRÜCKEN
STADTPLANUNGSAMT, DÜSSELDORF
VIII. 1951

Übersicht über die Rheinbrücken zwischen Bodensee und Holland, im besonderen über die Rheinübergänge im Raum von Düsseldorf.

Von

Professor Friedrich Tamms.

In der Geschichte des Rheinbrückenbaues sind deutlich drei Epochen erkennbar:

I. Die Römerbrücken.

Im Jahre 55 v. Chr. baute Julius Cäsar eine Brücke über den Rhein, um einen Einfall in das Gebiet der Sugambrer zu unternehmen. Er beschreibt den Bau dieser Brücke in seinem „Bellum Gallicum", Lib. IV, cap. 17. Über ihre Lage macht er jedoch keine genauen Angaben. Forschungen haben ergeben (s. Jahrbücher des Vereins von Altertumsfreunden im Rheinland 1864, Heft 37, S. 20), daß sie unweit von Bonn gelegen haben muß. Auch neuere Untersuchungen (Bonner Jahrbücher 1938/39, Heft 143/144, S. 87) nehmen eine Brückenstelle etwas unterhalb von Bonn an. Nach Cäsar ruhte die Brücke auf Pfahljochen, die stromauf- und -abwärts durch Schrägpfähle abgestützt waren. Ihre Breite betrug 40 Fuß = rd. 11,80 m. Die nutzbare Breite wird jedoch nur wenig über 7,00 m hinausgegangen sein. In 10 Tagen war der Bau beendet. 18 Tage nach seinem Übergang kehrte Cäsar zurück und brach die Brücke wieder ab.

Zwei Jahre später, 53 v. Chr., baute er nicht weit davon (B. G. Lib. VI, cap. 9) eine gleiche Brücke. Spuren dieser Brücken glaubt man bei Neuwied gefunden zu haben. Die Funde sind im Zentralblatt der Bauverwaltung 1886 beschrieben. Die aufgefundenen Brückenpfähle befinden sich noch heute im Neuwieder Museum. In den Bonner Jahrbüchern 1938/39 wird allerdings die Identität mit der zweiten Brücke Cäsars bestritten.

Die Römerbrücke bei Mainz, die im Jahre 90 n. Chr. durch die 14. römische Legion gebaut wurde, war eine Holzbrücke mit Steinpfeilern. Sie stand etwas oberhalb der heutigen Eisen-

Abb. 1. Hammer Fähre.

3 "

Abb. 2. Fliegende Brücke oder „Giere".

bahnbrücke und ruhte auf 13 Pfeilern, die auf Pfahlrosten gegründet waren. Die Stützweite der einzelnen Öffnungen betrug 30,0 m, die Brückenbreite etwa 6,0 m. (Nach Angaben des Museums für Altertumskunde und der Gemäldegalerie in Mainz.) Hier befand sich früher ein Modell der Brücke, das zur Zeit wieder rekonstruiert wird.

Die vierte Römerbrücke, die ebenfalls auf Steinpfeilern ruhte, stand zwischen Köln und Deutz. Sie wurde vor dem Abschluß des Frankenkrieges um das Jahr 310 n. Chr. von Kaiser Konstantin dem Großen, nach dem sie auch benannt wurde, errichtet. Wie aus einer Tafel mit lateinischer Inschrift, die sich noch heute im Rathaus in Köln befindet, hervorgeht, hatte sie den Zweck, Einfälle der Franken in Gallien abzuwehren. Wahrscheinlich wurde sie bald nach Konstantins Tod (im Jahre 337) zerstört. Die letzten Reste der Konstantinsbrücke wurden im 10. Jahrhundert auf Anordnung des Erzbischofs Bruno von Köln, einem Bruder des Kaisers Otto des Großen, wegen Gefährdung der Schiffahrt beseitigt. Die Inschrift der in der Vorhalle des Kölner Rathauses angebrachten Tafel hat folgenden Wortlaut:

„FL. VAL. CONSTANTINO MAX. AVG. P. F. CONSTANTII F. IMP. INVICTO; QVOD AD immortalem imperii Rom. gloriam ac limitis summam utilitatem et ornatum factu difficilem lapideum pontem in perpetuum exercitui cum liberet adversus Francos, ne in Galliam transirent, traducendo ipse hanc utramq: Rheni ripam Agrippinensem quippe Franciamq: coniungens muniensque imposito quasi flumini iugo in hostes construxerit, S. P. Q. Agrippin."

In deutscher Übersetzung:

„Dem Flavius Valerius Constantinus dem Großen, dem erhabenen glücklichen Fürsten, dem unbesiegten Sohne des Kaisers Constantius, weil er zum unvergänglichen Ruhme des Römischen Reiches und zum höchsten Nutzen und Schmuck der Reichsgrenze die schwierig auszuführende, steinerne Brücke für alle Zukunft erbaute, um das Heer gegen die Franken, zur Verhütung der Gefahr eines Einfalles in Gallien, herüberzuführen, indem er hier beide

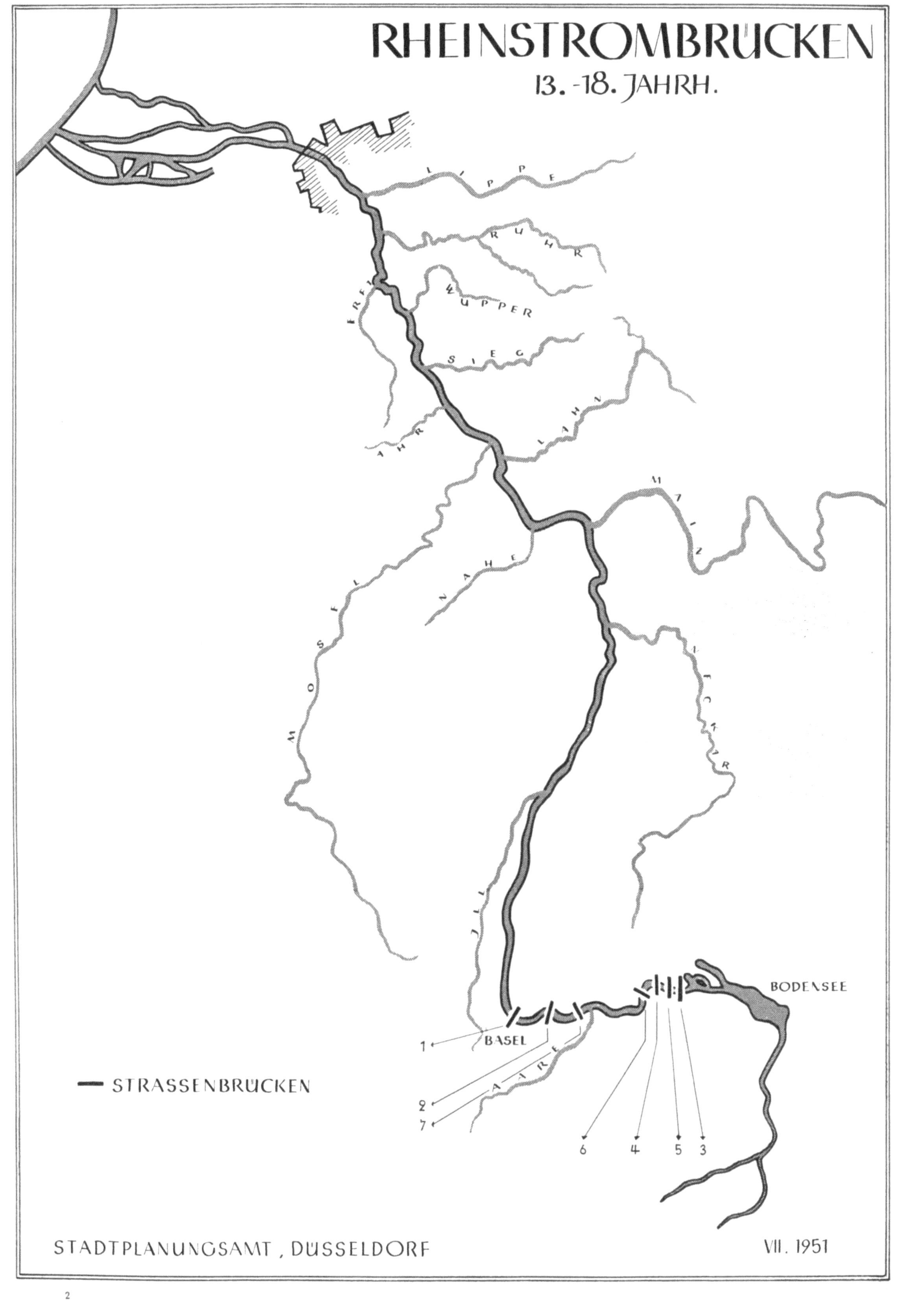

RHEINSTROMBRÜCKEN
13.-18. JAHRH.
LIPPE
RUHR
WUPPER
SIEG
LAHN
MAIN
NAHE
MOSEL
NECKAR
ILL
AARE
BASEL
BODENSEE
1
2
7
6
4
5
3
STRASSENBRÜCKEN
STADTPLANUNGSAMT, DÜSSELDORF
VII. 1951
2

Abb. 3. Pontonbrücke Düsseldorf.

Ufer des Rheins dadurch befestigte, daß er das Kölner Ufer mit dem fränkischen durch ein dem Fluß sozusagen gegen die Feinde auferlegtes Joch verband.

Senat und Volk von Köln."

Über die in Tacitus' Annalen I erwähnte Brücke im Zuge einer Straße im Tal der Lippe, die in der Nähe von Wesel den Rhein überquerte, haben bis heute durchgeführte Nachforschungen keine genaueren Angaben erbracht (s. a. Theodor Mommsen, Römische Geschichte 1904, Band V, S. 29 ff.).

Außer den genannten festen Brücken müssen im Gebiet des Niederrheins zur Zeit der Römerherrschaft noch weitere Rheinübergänge bei Neuß, Gellep, Asberg (Asciburgium) und Castra vetera (Birten bei Xanten) angenommen werden.

Wenn auch all diese Brücken und Übergänge aus der Römerzeit lediglich strategischen Zwecken dienten, so wurden sie doch stets an denjenigen Punkten errichtet, an denen schon von altersher wichtige Ost-West-Verbindungen über den Rhein bestanden.

II. Rheinbrücken des 13.—18. Jahrhunderts.

Aus den folgenden Jahrhunderten sind weitere Brückenbauten über den Rhein nicht bekannt geworden. So überreich und produktiv an sonstigen wertvollen kirchlichen und profanen Baudenkmälern sich auch die anschließenden Jahrhunderte zeigten, auf dem Gebiet des Rheinbrückenbaues haben sie keine Tätigkeit entfaltet. Die einzigen Rheinbrücken der späteren Zeit entstanden am Lauf des Hochrheins zwischen Basel und Bodensee, wo der Rhein eine nur geringe Breite aufweist und ein Brückenschlag infolgedessen auch geringere technische und wirtschaftliche Schwierigkeiten bereitet. Die älteste Rheinbrücke nach der Römerzeit war die „mittlere Brücke" bei Basel, die zur Zeit Heinrichs II. von Thun im Jahre 1225 gebaut wurde. Sie war 12,60 m breit und hatte 12 Öffnungen von je 13,0 m Spannweite. Die Brücke ruhte

Abb. 4. Durch Orkan am 12. März 1876 zerstörte Pontonbrücke.

teils auf Steinpfeilern, teils auf Holzjochen. Nach einem Umbau in den Jahren 1853—1858 stand sie noch bis zum Jahre 1905.

Die älteste heute noch bestehende Rheinbrücke ist die bei Säckingen aus dem Jahre 1580. Sie wurde vollkommen aus Holz konstruiert und überdacht.

Eine weitere Rheinbrücke bei Stein am Ausfluß des Bodensees, ebenfalls aus Holz, stammt aus dem 17. Jahrhundert.

Abb. 5. Einsturz des Gerüstes und Brückenbogens der Bergisch-Märkischen Eisenbahnbrücke Düsseldorf-Hamm.

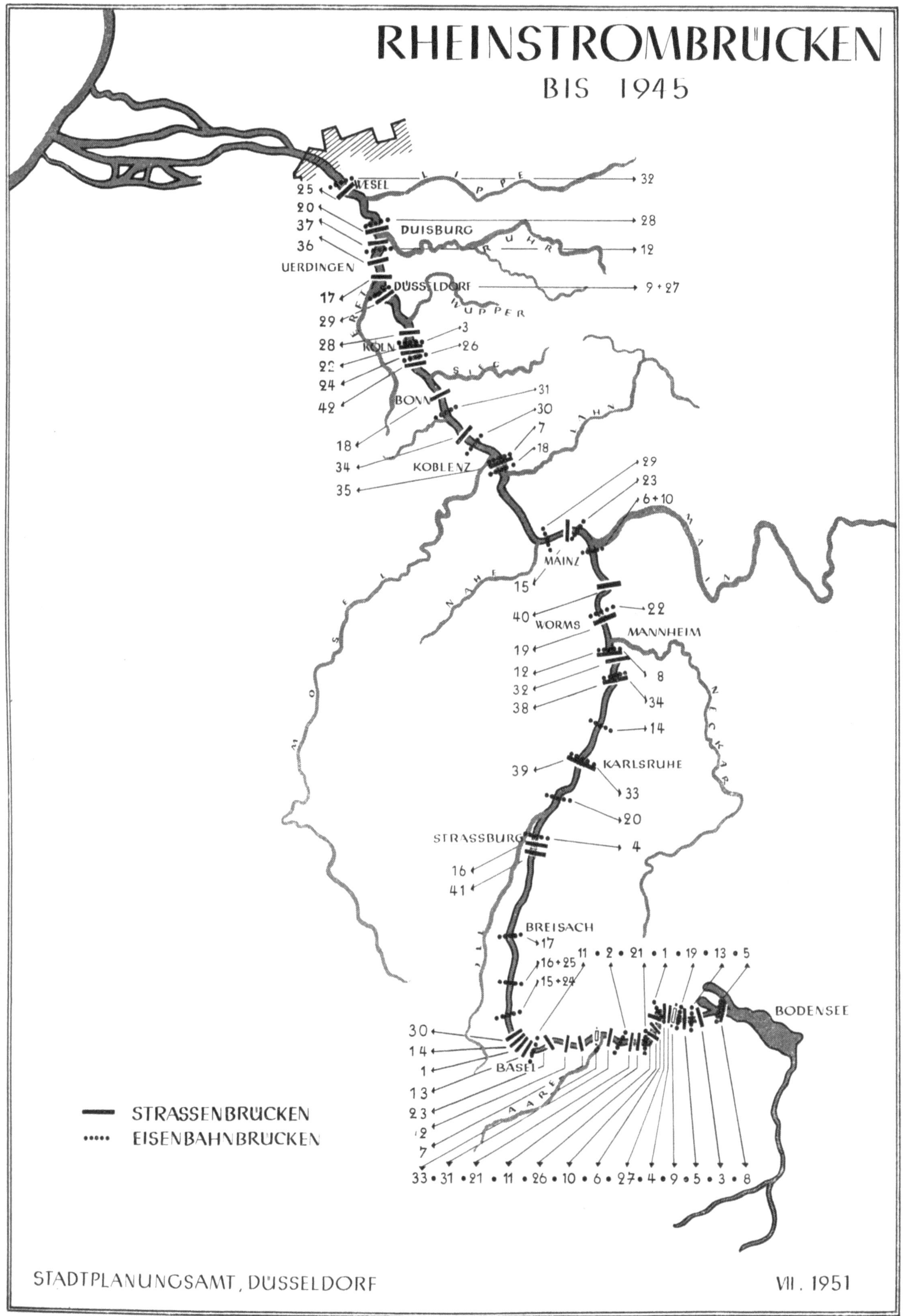

RHEINSTROMBRÜCKEN
BIS 1945
WESEL
DUISBURG
UERDINGEN
DÜSSELDORF
KÖLN
BONN
KOBLENZ
MAINZ
WORMS
MANNHEIM
KARLSRUHE
STRASSBURG
BREISACH
BASEL
BODENSEE
LIPPE
RUHR
WUPPER
SIEG
LAHN
MAIN
NAHE
MOSEL
NECKAR
AARE
STRASSENBRÜCKEN
EISENBAHNBRÜCKEN
STADTPLANUNGSAMT, DÜSSELDORF
VII. 1951
25
20
37
36
17
29
28
22
24
42
18
34
35
3
26
31
30
7
18
32
28
12
9 + 27
29
23
6 + 10
15
40
19
12
32
38
39
22
8
34
14
33
20
4
16
41
17
16 + 25
15 + 24
11
2
21
1
19
13
5
30
14
1
13
23
2
7
33
31
21
11
26
10
6
27
4
9
5
3
8

Abb. 6. Eisenbahnbrücken Düsseldorf-Hamm.

Der nächste Rheinbrückenbau erfolgte im Jahre 1758 bei Schaffhausen. Es ist die sogenannte Grubenmannbrücke, eine Holzkonstruktion. Sie wurde im Jahre 1799 während der napoleonischen Kriege zerstört.

Die genauen Daten der übrigen bestehenden Holzbrücken konnten nicht ermittelt werden.

III. Rheinbrücken im 19. und 20. Jahrhundert.

Erst zu Beginn der zweiten Hälfte des 19. Jahrhunderts, als die Entwicklung des Eisenhüttenwesens es ermöglichte, auch weitgespannte Brücken zu bauen, setzte ein größerer Auftrieb im Bau fester Brücken über den Rhein ein, der besonders durch die Entwicklung des Eisenbahnwesens einen starken Impuls erhielt. So begann die neue Epoche des Rheinbrückenbaues mit Eisenbahnbrücken. Bis 1900 wurden 21 Eisenbahnbrücken errichtet. In der gleichen Zeit wurden jedoch nur 17 Straßenbrücken bzw. Stege geschaffen. In kurzer Folge entstanden eiserne Rheinbrücken bei Konstanz, Köln, Straßburg, Mainz, Koblenz, Mannheim, Basel, Düsseldorf, Duisburg, Bonn, Germersheim und andere.

Abb. 7. 1945 zerstörte Eisenbahnbrücken.

Das 20. Jahrhundert erst brachte durch seine wissenschaftlichen Forschungsergebnisse auf dem Gebiet des hochwertigen Stahls die Möglichkeit, immer kühnere Brückenkonstruktionen zu ersinnen. Seit der Jahrhundertwende machte die Ausnutzung von flüssigen Treibstoffen Fortschritte. Durch die Motorisierung des Verkehrs setzte ein kraftvoller Aufschwung im Brückenbau ein, der nunmehr auch auf die Straßenbrücken übergriff.

Bis zum Beginn des zweiten Weltkrieges wurden 39 Straßen- und 34 Eisenbahnbrücken über den Rhein gebaut. Eine Übersicht über diese Rheinbrücken geben die nachfolgenden Tabellen und beigefügten Tafeln. Innerhalb des Reichsgebietes bis Basel aufwärts wurden sie sämtlich zerstört.

IV. Rheinübergänge im Raum Düsseldorf.

Fährverbindungen, die sich wahrscheinlich ursprünglich aus dem Fischereibetrieb, verbunden mit Grundbesitz am Strom, entwickelten, haben in Düsseldorf seit alter Zeit bestanden. Wie aus alten Urkunden und Karten hervorgeht, wurde am 8. 3. 1263 — also noch vor der Stadtgründung — eine Fährgerechtsame zwischen Düsseldorf und Neuß am Zolltor von der Gräfin Margarete von Berg an Düsseldorfer Bürger und ihre Erben verliehen. Sie errichteten hier an der zwischen Köln und Nymwegen bestehenden engsten Stelle des Rheins eine Fähre, zu deren Schutz vermutlich später die Burg gebaut wurde, die im 14. Jahrhundert zuerst erwähnt wird. Auch bei Kaiserswerth wird um 1300 eine Fährverbindung geschaffen.

Weitere Verbindungen im Raum Düsseldorf, die bis heute noch bestehen, sind bei Urdenbach—Zons, Benrath, Mickeln—Stürzelberg, Uedesheim—Himmelgeist, Volmerswerth—Grimlinghausen (Gerechtsame erstmalig erwähnt 1796), Hamm—Neuß (erwähnt 1453) (s. Abb. 1).

Die Fährgerechtsame war stets örtlich nach beiden Stromrichtungen begrenzt und bildete ein materielles Recht, so daß innerhalb dieses Bereiches keine zweite Fähre seitens eines anderen eingerichtet werden durfte. Beispielsweise erstreckte sich die Volmerswerther Gerechtsame von der Himmelgeister Fähre bis zu dem Stromkilometer, wo die Hammer Fährgerechtsame begann (s. Rhein. Archiv für Zivil- und Strafrecht, Bd. 106, S. 176).

An Stelle der Fährverbindung am Zolltor trat später eine „fliegende Brücke“, eine sogenannte Giere (s. Abb. 2), die am 30. Oktober 1837 durch eine Pontonbrücke (s. Abb. 3) abgelöst wurde. Diese war bis zum Jahre 1898 in Betrieb. Auch in Düsseldorf war es zuerst eine Eisenbahnbrücke, die als feste Brücke den Strom überspannte: die Hammer Eisenbahnbrücke, über die im Jahre 1870 die ersten Transportzüge im deutsch-französischen Krieg gen Westen rollten. Es war eine zweigleisige Fachwerkbogenbrücke mit angehängter Fahrbahn, bestehend aus 4 Stromüberbauten von je 107,20 m Stützweite (s. Abb. 5). Auf der Neußer Seite schlossen sich 17 mit Ziegelstein überwölbte Flutöffnungen (je 6 von 13,57 m und je 11 von 18,83 m lichter Weite) an. In den

Abb. 8. Straßenbrücke Düsseldorf-Oberkassel, eröffnet 1898.

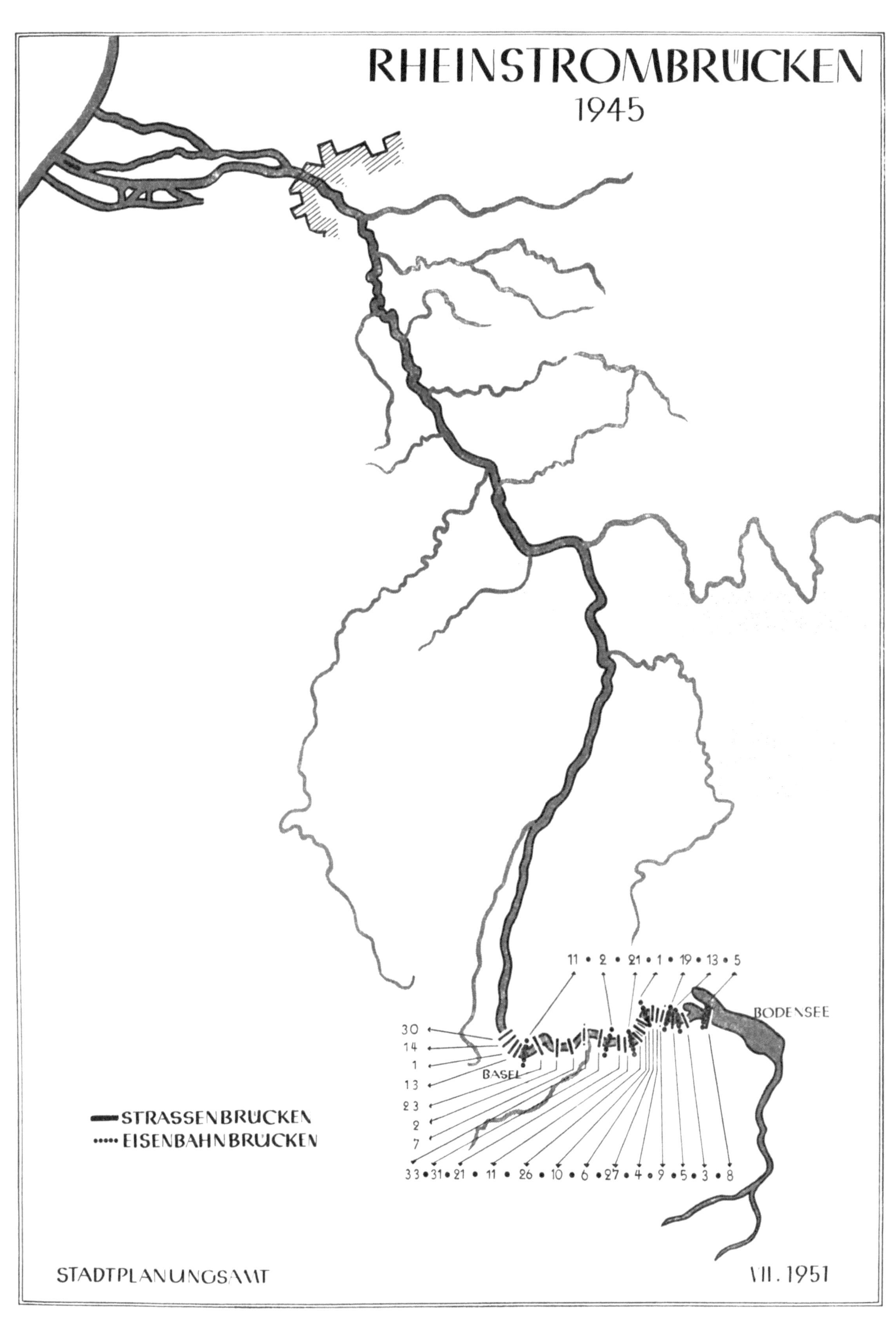

RHEINSTROMBRÜCKEN
1945
BODENSEE
30
14
1
13
23
2
7
BASEL
11 • 2 • 21 • 1 • 19 • 13 • 5
33 • 31 • 21 • 11 • 26 • 10 • 6 • 27 • 4 • 9 • 5 • 3 • 8
STRASSENBRÜCKEN
EISENBAHNBRÜCKEN
STADTPLANUNGSAMT
VII. 1951

Jahren 1909—12 wurde die Brücke umgebaut und gleichzeitig in 32,0 m Abstand eine zweite zweigleisige Brücke gleicher Konstruktion daneben gebaut (s. Abb. 6). Die nördliche (neuere) der beiden Brücken diente nunmehr dem Güterzugverkehr, die südliche (alte) war ausschließlich dem Personenverkehr vorbehalten. Nach der Sprengung beider Brücken im Jahre 1945 (s. Abb. 7) wurden zunächst die zerstörten Brückenteile der nördlichen Brücke mit den erhalten gebliebenen Überbauten der südlichen Brücke ausgewechselt und wieder instand gesetzt. Vier der zerstörten Flutöffnungen wurden durch 2 Stahlfachwerküberbauten von je 40,0 m Stützweite ersetzt.

Im Jahre 1835, ungefähr um die Zeit der Inbetriebnahme der Pontonbrücke, hatte Düsseldorf nur 32 000 Einwohner. 1898 war die Einwohnerzahl auf 200 000 gewachsen. Die Rheinschiffahrt hatte gleichzeitig mit der Industrialisierung einen erheblichen Aufschwung genommen, so daß die Unbequemlichkeiten, die mit dem Aus- und Einfahren der Schiffsbrücke verknüpft waren, unerträglich wurden. Da außerdem die Rheinische Bahngesellschaft eine neue Schnellstraßenbahn nach Krefeld plante, mußte an den Bau einer festen Brücke gedacht werden. So wurde die erste Straßenbrücke Düsseldorfs in den Jahren 1896—98 in Verbindung mit dem Schnellbahnprojekt nach Krefeld gebaut. Sie wurde am 12. November 1898 dem Verkehr übergeben. Sie hatte zwei Stromöffnungen von je 181,25 m Spannweite, auf der Düsseldorfer Seite eine Flutöffnung von 60,35 m, auf der Oberkasseler Seite drei Flutöffnungen von 63,36 m, 57,02 m und 50,69 m Stützweite. Sämtliche Hauptträger waren als Zweigelenkbogen ohne Zugband konstruiert. Der Querschnitt wies eine Fahrbahn von 8,20 m auf und zwei auskragende Fußwege von 2,03 m nutzbarer Breite. Die Fahrbahn nahm außerdem noch ein Doppelgleis für die Straßenbahn auf, das einseitig auf der Südseite angeordnet war (s. Abb. 8).

Die Brücke gewann für die linksrheinischen Stadtteile Oberkassel und später auch Heerdt, die damals noch sehr unerschlossen waren, eine überaus fördernde Bedeutung. Im Jahre 1906 wurde die Brücke von 180 894 Fuhrwerken und Automobilen und 123 000 Zügen mit 221 000 Wagen der Rheinbahn befahren. 1924 waren es bereits 794 203 Fahrzeuge. Die höchste Monatsbelastung betrug 97 614 Fahrzeuge. Diese gewaltige Verkehrssteigerung führte dazu, daß Verhandlungen wegen Verbreiterung der Brücke aufgenommen werden mußten. Die neue Brücke wurde unabhängig von der alten um die alte Brücke herumgebaut. Sie paßte sich in der äußeren Form zwar genau der alten an, die Hauptstrombogen wurden aber als Dreigelenkbogen ausgebildet, um unzulässige Bodenpressungen des Mittelpfeilers zu vermeiden. Die neuen Hauptträger der Seitenöffnungen wurden als Zweigelenkbogen ausgebildet. Die Gesamtkosten des Umbaues betrugen rd. 4 Millionen RM. Am 9. April 1926 konnte die verbreiterte Brücke dem

Abb. 9. Oberkasseler Brücke nach dem Umbau 1926.

Abb. 10. 1945 zerstörte Oberkasseler Brücke.

Verkehr übergeben werden. Für die Benutzung der Brücke wurde für Fahrzeuge und Fußgänger Brückenzoll erhoben. Am 1. 4. 1922 wurde das Brückengeld für Fußgänger und am
1. 7. 1927 auch für Fahrzeuge aufgehoben.

Gleichzeitig mit der Verbreiterung der Oberkasseler Brücke wurden aber auch die Vorarbeiten für den Bau einer neuen Straßenbrücke in Angriff genommen. Die weiter anhaltende
Verkehrssteigerung und die immer enger werdenden Verkehrsbeziehungen zwischen Düsseldorf
und Neuß machten eine solche Maßnahme immer notwendiger. Der Verkehr auf der Oberkasseler Brücke war inzwischen

von   180 894 Fuhrwerken und Automobilen im Jahre 1906
auf   1 182 000 im Jahre 1926 und
auf rd.   2 530 000 im Jahre 1929 hinaufgeschnellt.

Heute weist die Oberkasseler Brücke bei behelfsmäßigem Ausbau bereits folgende Verkehrs-
zahlen pro Jahr auf:

9,0 Millionen Fahrzeuge,
0,3 Millionen Straßenbahnzüge.

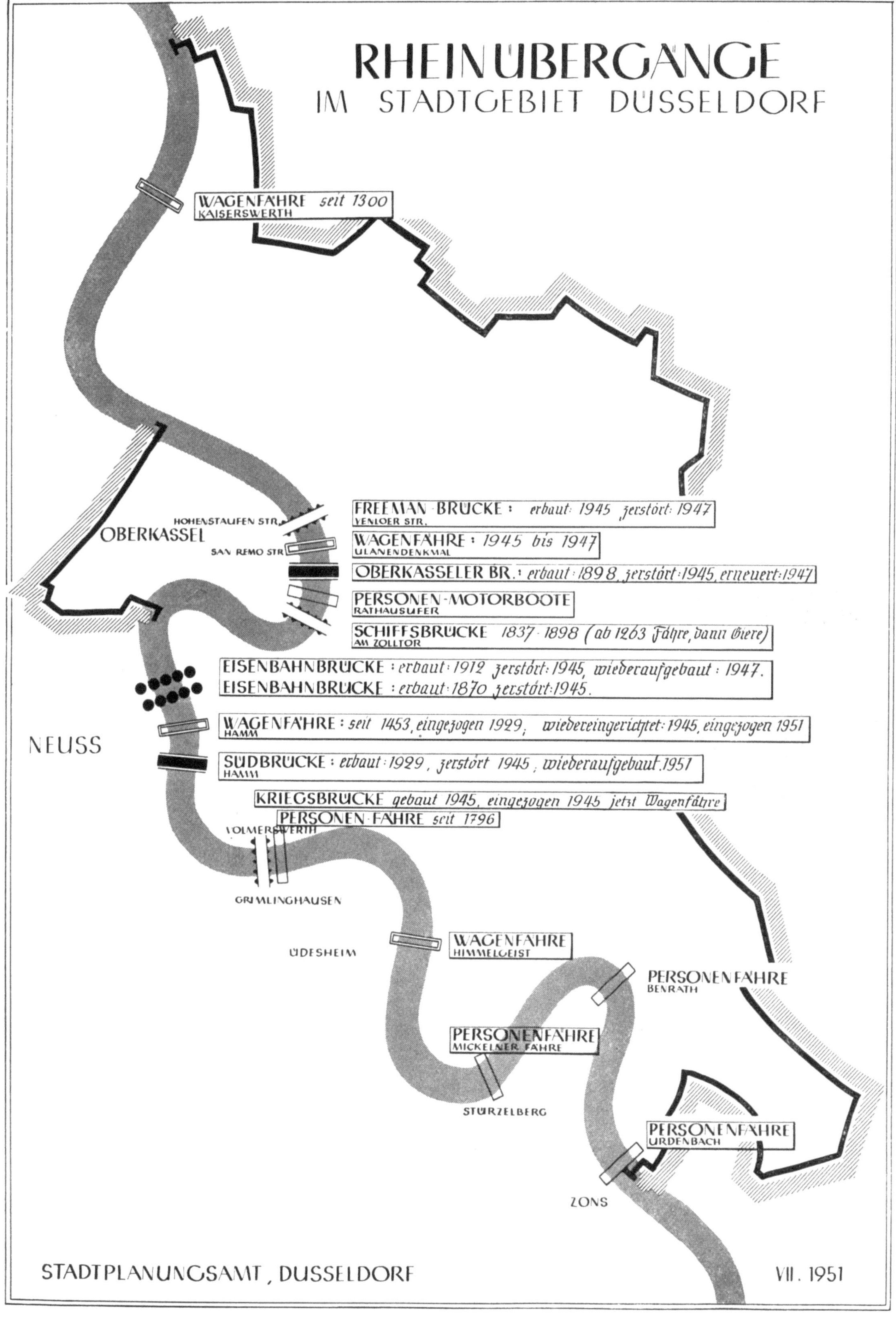

RHEINÜBERGÄNGE
IM STADTGEBIET DÜSSELDORF
WAGENFÄHRE seit 1300
KAISERSWERTH
OBERKASSEL
HOHENSTAUFEN STR.
VENLOER STR.
SAN REMO STR.
FREEMAN·BRÜCKE: erbaut: 1945 zerstört: 1947
WAGENFÄHRE: 1945 bis 1947
ULANENDENKMAL
OBERKASSELER BR.: erbaut: 1898, zerstört: 1945, erneuert: 1947
PERSONEN·MOTORBOOTE
RATHAUSUFER
SCHIFFSBRÜCKE 1837·1898 (ab 1263 Fähre, dann Giere)
AM ZOLLTOR
EISENBAHNBRÜCKE: erbaut: 1912 zerstört: 1945, wiederaufgebaut: 1947.
EISENBAHNBRÜCKE: erbaut·1870 zerstört·1945.
NEUSS
WAGENFÄHRE: seit 1453, eingezogen 1929, wiedereingerichtet: 1945, eingezogen 1951
HAMM
SÜDBRÜCKE: erbaut·1929, zerstört 1945, wiederaufgebaut·1951
HAMM
KRIEGSBRÜCKE gebaut 1945, eingezogen 1945 jetzt Wagenfähre
PERSONEN·FÄHRE seit 1796
VOLMERSWERTH
GRIMLINGHAUSEN
ÜDESHEIM
WAGENFÄHRE
HIMMELGEIST
PERSONENFÄHRE
BENRATH
PERSONENFÄHRE
MICKELNER FÄHRE
STÜRZELBERG
PERSONENFÄHRE
URDENBACH
ZONS
STADTPLANUNGSAMT, DÜSSELDORF
VII. 1951

Abb. 11. Südbrücke, eröffnet 1929.

Die Lage für die neue Südbrücke wurde nach Übereinkunft mit der Stadt Neuß etwas stromaufwärts der bestehenden Hammer Fähre gewählt. Die Gesamtkosten der Brücke beliefen sich auf 13 230 000,— RM. Unter architektonischer Mitwirkung von Prof. Wilhelm Kreis wurde als Brückensystem ein Fachwerkträger (Gerberbalken) mit hängegurtförmigem Obergurt gewählt, mit 206,0 m Stützweite der Hauptstromöffnung und zwei Seitenöffnungen von je 103,00 m. Außerdem wurden auf beiden Ufern noch je 3 Flutbrücken (vollwandige Blechträger, ebenfalls Gerberbalken) von 42,564 bis 66,50 m Stützweite und zwei Deichbrücken (vollwandige Blechträger) von je 23,07 m Stützweite angeordnet. Der Querschnitt wies zwei Richtungsfahrbahnen von je 6,00 m, einen eigenen Bahnkörper für die Straßenbahn von 6,90 m, beiderseits Radfahrwege von 1,50 m und Gehwege von 2,50 m Breite aus. Die Brücke wurde am 12. Oktober 1929 dem Verkehr übergeben und löste die bis dahin bestehende Fährverbindung bei Düsseldorf-Hamm ab.

Nach Beendigung der Kriegshandlungen im Düsseldorfer Raum wurde im April 1945 durch die Amerikaner bei Grimlinghausen—Volmerswerth, Strom-km 734,01 eine einspurige Pontonbrücke (Kriegsbrücke) gebaut, die aber nach Tagebuchaufzeichnungen eines Neußer Bürgers nach 8 Tagen, am 27. April 1945, durch einen bei Dormagen losgerissenen Kohlenkahn gerammt wurde, der daraufhin von den Amerikanern versenkt wurde. Eine einige Wochen danach an der gleichen Stelle errichtete zweite Brücke war bis November 1945 in Betrieb. Sie diente vornehmlich militärischen Zwecken und wurde nur zeitweilig für zivile Fahrzeuge freigegeben. Zwei bis drei Stunden Wartezeit bei der Hin- und Rückfahrt waren keine Seltenheit. Wer Glück hatte, konnte an einem Tage vom Linksrheinischen nach Düsseldorf und wieder zurückgelangen. Für Fußgänger war dies nicht möglich, da dieser Umweg über 20 km lang war.

Am 5. Oktober war durch die Engländer inzwischen etwa 800 m stromabwärts der zerstörten Oberkasseler Brücke hart nördlich der Rheinterrasse eine Brücke aus Eisenfachwerkkonstruktion, die sogenannte „Freeman-Brücke" (s. Abb. 12), die auf Böcken und Pontons ruhte, errichtet. Außer einer einspurigen Fahrbahn wies sie zwei seitliche Gehsteige auf. Die Brücke stellte für die linksrheinisch wohnende Bevölkerung eine wesentliche Erleichterung dar. Hatten doch geschäftstüchtige Bootsbesitzer für eine Überfahrt zeitweilig bis zu 100 RM verlangt.

Außerdem wurde eine von der Deutschen Wehrmacht im Jahre 1943 während des Krieges hergestellte Brückenrampe, linksrheinisch im Zuge der San-Remo-Straße und südlich des Ulanendenkmals rechtsrheinisch, die im Falle einer eventuellen Brückensprengung der Oberkasseler

Abb. 12. Freemanbrücke, Ansicht.

Brücke als Ersatz dienen sollte, von der Rheinischen Bahngesellschaft benutzt, um eine Fährverbindung für Personen und Fahrzeuge einzurichten. Ein mit Planken bedecktes Motorschiff
war für diese Zwecke umgebaut worden. Die Verbindung wurde am 12. November 1945 in
Betrieb genommen und am 29. Dezember 1947 wegen Hochwassers außer Betrieb gesetzt und
nicht wieder aufgenommen.

Die nach Beendigung des Krieges einsetzende Verkehrsentwicklung stellte die Stadtverwaltung schon bald vor die Notwendigkeit, mit den englischen Besatzungsbehörden Verhandlungen
wegen des Wiederaufbaues der zerstörten Oberkasseler Brücke aufzunehmen. Die nur einspurige
Freemanbrücke war dem anschwellenden Verkehr nicht mehr gewachsen, zumal sie bei starkem
Hochwasser und Eisgang ausgefahren werden mußte.

Unter Benutzung der alten Pfeiler und nach Einfügung von zwei weiteren Zwischenpfeilern
wurde daher an der Stelle der alten Skagerrakbrücke eine sogenannte „Dauerbehelfsbrücke" in
etwas über zweijähriger Bauzeit fertiggestellt (s. Abb. 14). Sie wurde am 8. Mai 1948 dem Verkehr
übergeben. Ein unglücklicher Zufall wollte es, daß die Freemanbrücke bereits vorher, am
30. Dezember 1947, durch ein Schiff gerammt und zerstört worden war, so daß die linksrheinische
Bevölkerung Düsseldorfs fast 5 Monate gezwungen wurde, auf dem Umweg über Neuß mit der
Bahn über die inzwischen wieder hergestellte Hammer Eisenbahnbrücke nach Düsseldorf zu
fahren oder mit den Motorbooten der Rheinischen Bahngesellschaft über den Rhein zu setzen.

Gegenüber diesen Verhältnissen mußte die Dauerbehelfsbrücke als Fortschritt begrüßt werden,
obwohl der Brückenquerschnitt mit seiner nur 8,20 m breiten Fahrbahn, in der auch noch zwei
Straßenbahngleise liegen, tatsächlich nur sehr behelfsmäßig ist. Die beiden neuen Behelfsstrompfeiler behindern die Rheinschiffahrt stark. Die lichte Durchfahrtsweite beträgt gegen früher
weniger als die Hälfte.

Das weitere unaufhaltsame Anschwellen des Verkehrs nach der Währungsreform legte daher
den Gedanken nahe, die Südbrücke zwischen Düsseldorf und Neuß wieder herzustellen. Die
Vorlandbrücken waren erhalten geblieben. Für den Bau der Strombrücke selbst mußte jedoch
eine andere Konstruktion gefunden werden, die zwar Pfeiler und Vorlandbrücken der alten

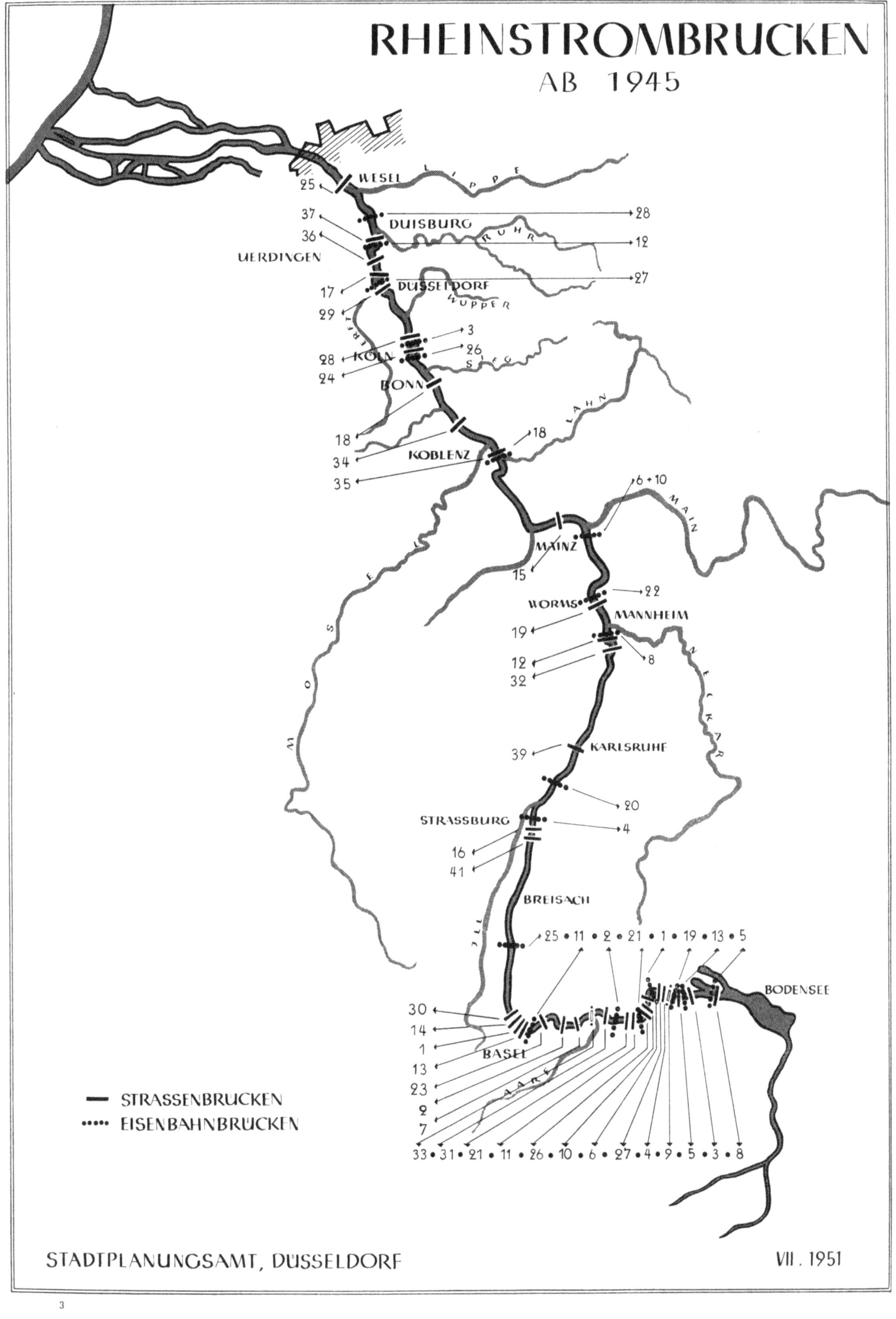

RHEINSTROMBRUCKEN
AB 1945
WESEL
25
DUISBURG
37
28
36
12
UERDINGEN
27
17
DUSSELDORF
29
WUPPER
3
KOLN
26
28
24
BONN
18
18
34
KOBLENZ
35
LAHN
6 + 10
MAINZ
15
WORMS
22
MANNHEIM
19
12
8
32
KARLSRUHE
39
20
STRASSBURG
4
16
41
BREISACH
25 11 2 21 1 19 13 5
30
14
1
BASEL
13
23
2
7
33 31 21 11 26 10 6 27 4 9 5 3 8
MOSEL
RUHR
LIPPE
SIEG
MAIN
NECKAR
ILL
AARE
BODENSEE
STRASSENBRUCKEN
EISENBAHNBRUCKEN
STADTPLANUNGSAMT, DUSSELDORF
VII. 1951

Abb. 13. Zerstörte Freemanbrücke.

Brücke aufnehmen, den Strom aber leichter und eleganter überspannen sollte. Eine solche wurde gefunden. Es gelang, die alte Fachwerkkonstruktion, deren Tragwerk über der Fahrbahn lag und den Ausblick in die Rheinlandschaft versperrte, zu verlassen und statt dessen eine Balkenbrücke zu konstruieren, die vollkommen unter der mittragenden Fahrbahn liegt und mit ihrer geringen Scheitelhöhe (3,50 m bei 206 m Stützweite) ein Schlankheitsverhältnis aufweist, das kühn und elegant zugleich ist.

Mit dem Bau dieser Brücke wurde Ende März 1950 begonnen. Sie wird mit dem heutigen Tage dem Verkehr übergeben.

Abb. 14. Dauerbehelfsbrücke, eröffnet 1948.

Die Straßenbrücken über den Rhein.

Die mit * bezeichneten Brücken liegen auf Schweizer Hoheitsgebiet.

Lfd. Nr.	Strom km	Lage der Brücke	Jahr der Inbetriebnahme	Bemerkungen	
				zerstört	wiederaufgebaut
I. Römerbrücken.					
1		1. Brücke Julius Cäsars bei Bonn . .	55 v. Chr.	nach 18 Tagen abgebrochen	
2		2. Brücke Julius Cäsars bei Neuwied .	53 v. Chr.		
3		bei Wesel	v. Chr.		
4		bei Mainz	90 n. Chr.		
5		Köln-Deutz	310 n. Chr.	Reste i. 10. Jahrh. beseitigt	
II. Feste Brücken des 13. bis 18. Jahrhunderts.					
1*	166,6	Basel, mittlere Brücke	1225		1858 umgebaut 1905 umgebaut
2	130,3	Säckingen	1580		
3*	24,7	Stein	17. Jahrh.		
4*	43,7	Schaffhausen—Feuerthalen	1758	1799	
5	34,3	Gailingen	?		
6	57,7	Rheinau	?		
7	120,8	Laufenburg	?		1913 umgebaut
III. Feste Brücken des 19. und 20. Jahrhunderts.					
8	0,000	Konstanz, Eisenb.- u. Straßen-Br. . .	1862		1936—38 umgeb.
9*	45,0	Schaffhausen, Eltwerk (Steg)	?		
10*	67,2	Rüdlingen	?		
11	82,9	Kaiserstuhl	?		
12	424,4	Mannheim-Ludwigshafen . . . . . Eisenbahn- und Straßenbrücke . . .	1867	1945	1930—32 umgeb. 1948 als Str.-Br.
13*	166,0	Basel, Wettsteinbrücke	1879		
14*	167,2	Basel, Johanniterbrücke	1882		
15	498,45	Mainz-Kastell	1885	1945	1930/31 umgeb. 1948—50
16	293,6	Straßburg—Kehl	1897	1939	1941/42
17	744,84	Düsseldorf-Oberkassel	1898	1944 1945	1951 (im Bau) 1926 umgebaut 1948 Dauerbehelfsbrücke
18	694,94	Bonn—Beuel	1900	1945	1949
19	443,4	Worms, Ernst-Ludwig-Brücke	1900	1945	1951 (im Bau)
20	780,7	Duisburg-Ruhrort—Homberg	1907	1945	—
21	93,487	Rheinheim	1907		
22	688,48	Köln, Hohenzollernbrücke	1911	1945	—
23	149,2	Rheinfelden	1913		
24	687,93	Köln-Deutz, Hindenburgbrücke . . .	1915	1945	1948
25	813,85	Wesel—Büderich	1917	1945	1951 (im Bau)
26*	74,2	Eglisau	1920		
27*	46,0	Schaffhausen—Flurlingen	1920		
28	691,95	Köln-Mülheim, Hängebrücke	1929	1944	1951
29	737,09	Düsseldorf—Neuß, Südbrücke . . .	1929	1945	1951

Lfd. Nr.	Strom km	Lage der Brücke	Jahr der Inbetrieb- nahme	Bemerkungen	
				zerstört	wiederaufgebaut
30*	167,8	Basel, Dreirosenbrücke	1934		
31	101,75	Waldshut	1932		
32	424,4	Mannheim-Ludwigshafen (2. Str.-Br.) .	1932	1945	1948
33	112,4	Albruck (Steg)	1933		
34	607,7	Neuwied—Weißenthurm	1935	1945	1951
35	590,87	Koblenz—Pfaffendorf	1935	1945	1951 (im Bau)
36	764,04	Krefeld-Uerdingen	1936	1945	1950
37	775,29	Duisburg—Rheinhausen	1936	1945	1950
38	399,8	Speyer, komb. Str.- u. Eisenb.-Brücke .	1936	1945	—
39	362,0	Maxau—Karlsruhe, komb. E.- u. Str.-Br.	1936	1945	1946/47
40	461,5	Gernsheim	1940	1945	—
41	293,4	Straßburg—Kehl (Holz)	1941	1945	1946 1951 beschädigt, außer Betrieb
42	683,33	Köln—Rodenkirchen (RAB)	1943	1945	—
43	499,1	Mainz-Kastel, Behelfsbrücke	1946	1950	außer Betrieb
44	590,84	Koblenz—Pfaffendorf, Behelfsbrücke .	1946		—
45	424,6	Mannheim, Behelfsbrücke	1945		außer Betrieb seit 1948
46	224,98	Alt-Breisach, Behelfsbrücke	1947		
47	445,42	Worms, komb. Eisenb.- u. Str.-Brücke .	1948		
48	432,57	Frankenthal, Reichsautobahn	1950		

Die Eisenbahnbrücken über den Rheinstrom.

Lfd. Nr.	Strom km	Lage der Brücke	Jahr der Inbetrieb- nahme	Bemerkungen	
				zerstört	wiederaufgebaut
1*	47,3	zwischen Neuhausen und Laufen . . .	1857		
2	101,6	Waldshut	1859		1931/32
3	698,48	Köln, spätere Hohenzollernbrücke . .	1859	1945	1911 umgebaut 2 Eisenb.-Br- 1948 behelfsm.
4	293,68	Straßburg—Kehl	1861	1870 1939 1944	1871 1941/42 1945 behelfsm.
5	0,000	Konstanz, Eisenb.- u. Straßen-Brücke .	1862		1936—38
6	496,38	Mainz-Süd	1862	1945	1912 umgebaut 1949
7	590,87	Koblenz—Pfaffendorf	1864	1945	1933—35 umgeb. —
8	424,4	Mannheim-Ludwigshafen, Eisenb.- und Straßen-Brücke	1867	1945	1930—32 umgeb. 1946 als Eis.-Br.
9	738,21	Düsseldorf-Hamm (König-Wilhelm-Br.)	1870	1945	1912 umgebaut —

Lfd. Nr.	Strom km	Lage der Brücke	Jahr der Inbetriebnahme	Bemerkungen	
				zerstört	wieder aufgebaut
10	496,38	Mainz-Süd (2. Brücke)	1871	1945	1912 umgebaut 1949
11*	164,7	Basel	1873		1897 | verstärkt 1925 ∫
12	774,36	Duisburg—Rheinhausen	1873	1945	1927 umgebaut 1949
13*	27,4	Hemishofen	1875		
14	383,8	Germersheim	1877	1945	—
15	171,33	Hüningen—Weil (südlich)	1877	1939	—
16	198,78	Neuenburg (nördlich)	1877	1939	—
17	224,98	Breisach	1877	1939	—
18	588,5	Koblenz—Horchheim	1878	1945	1902 | verstärkt 1933 ∫ 1947
19*	43,5	Schaffhausen—Feuerthalen	1895		
20	335,66	Roppenheim	1895	1939 1945	1941/42 (1948 Eisenb.- u. Str.-Brücke)
21*	75,36	Eglisau	1897		
22	445,45	Worms	1900	1945	1931 verstärkt 1948 (Eisenb.- u. Str.-Brücke)
23	500,9	Mainz-Nord (Kaiserbrücke)	1904	1945	—
24	171,33	Hüningen (2. Brücke, nördlich) . . .	1906	1939	—
25	198,78	Neuenburg (2. Brücke, südlich) . . .	1906	1939	1946 behelfsm.
26	685,72	Köln (Südbrücke)	1910	1945	1947—50
27	738,23	Düsseldorf-Hamm (2. Brücke)	1912	1945	1946/47
28	785,01	Baerl (Hans-Knipp-Brücke)	1912	1945	1946
29	525,26	Rüdesheim—Bingen, Hindenburgbrücke	1915	1945	—
30	602,1	Engers—Urmitz (Kronpr.-Wilhelm-Br.)	1917	1945	—
31	632,8	Remagen, Ludendorffbrücke	1918	1945	—
32	815,28	Wesel—Büderich	1928	1945	—
33	362,0	Maxau—Karlsruhe, Eisenb.- u. Str.-Br.	1936	1945	1946/47
34	399,8	Speyer, komb. Eisenb.- u. Str.-Brücke .	1936	1945	—

DIE PLANUNG

Das Werden der Rheinbrücke Düsseldorf—Neuß.

Beigeordneter Dr.-Ing. **Franz Schreier**, Düsseldorf.

Es war ein strahlender Vorfrühlingstag, als ich am 1. März 1945 zum letztenmal die in den Jahren 1927—1929 gebaute Düsseldorf—Neußer Brücke sah. Die amerikanischen Truppen standen bereits drüben auf der Neußer Seite bei Grimlinghausen am Rhein. In der Nacht darauf flog die Brücke in die Luft. Leider hat man es nicht dabei belassen, nur die Strombrücke zu vernichten, man hat auch einen großen Teil der Vorlandbrücken mit gesprengt und den linksrheinischen Strompfeiler schwer beschädigt.

Bei der allgemein herrschenden Lähmung jeder Initiative in den ersten Monaten nach Kriegsschluß entsann man sich kaum der im Strom liegenden Düsseldorf—Neußer Brücke. Lediglich die Besatzungsmacht bemühte sich, die Trümmer der Strombrücke durch Sprengung so weit zu beseitigen, daß eine 60 m breite Schiffahrtsrinne notdürftig geschaffen wurde. Da rüttelte als erster der Wasserbauer die Gemüter wach. Er sah mit großer Besorgnis den durch die Trümmer hervorgerufenen Aufstau des Rheinstromes, der eine große Gefahr für die Deiche bedeutete und er sah die tiefer werdenden Kolke an den noch vorhandenen Pfeilern. Man entschloß sich daher wenigstens zur Trümmerräumung, die von Anfang 1947 bis 1949 durchgeführt wurde. Die Räumung aber zwang bereits zum Entschluß, ob man die Brücke wieder aufbauen wolle oder nicht. Man mußte wissen, ob man die Vorlandbrücken verschrotten oder bei einem Wiederaufbau verwenden, d. h. heben und ausbessern wollte.

Es soll nicht verschwiegen werden, daß die erste Brücke nicht den Verkehr hatte, den man erwartete. Obwohl die Brücke im großen Verkehrszug von Neuß über den Südring und den südlichen Zubringer zur Autobahn liegt und obschon sie eine gute Verbindung von Düsseldorf zur linksrheinischen Stadt Köln ermöglicht, hat die Düsseldorf—Neußer Brücke weder die seinerzeit bereits erwünschte Entlastung der Oberkasseler Rheinbrücke gebracht, noch einen nennenswerten zusätzlichen Verkehr an sich gezogen. Man war daher versucht zu überlegen, ob es vordringlich sei, diese Brücke wieder aufzubauen oder, ob es nicht besser sei, einen weiter südlich seit langen Jahren geplanten Brückenschlag bei Flehe oder Himmelgeist vorzuziehen. Die Überlegungen jedoch, daß bei einem Brückenbau an neuer Stelle nicht nur die Brückenkonstruktion, sondern auch die Pfeiler und die Zufahrtsstraßen gebaut werden müssen, die einen erheblichen Kostenaufwand erfordern, brachten den Entschluß zum Wiederaufbau der bestandenen Brücke.

Die Verhandlungen innerhalb der bestehenden Brückengesellschaft Düsseldorf—Neuß begannen. Man war sich bald darüber einig, daß Vorlandbrücken und Pfeiler wieder verwendet werden sollten, die Stromöffnungen hingegen neu konstruiert werden mußten. Die alte Brücke war eine Fachwerkbrücke, der aus architektonischen Gründen die Form einer Hängebrücke gegeben war. Man war überzeugt, daß man heute Konstruktionen finden müsse, die mit weniger Stahl auskommen; Konstruktionen, die wirtschaftlicher sind, in der Form sich aber gut der niederrheinischen Landschaft anpassen werden. Es entstand die Frage, ob man nach dem Vorbild der Ausschreibung für die Köln-Mülheimer Brücke einen allgemeinen Wettbewerb veranstalten oder einen eigenen Entwurf aufstellen sollte. Man wählte den letztgenannten Weg und zog den weit über Deutschlands Grenzen hinaus bekannten Brückenbauer, Herrn Prof. Dr. e. h. Schaechterle, zusammen mit dem Statiker, Herrn Dipl.-Ing. Wintergerst, zu Rate, denen an dieser Stelle besonderer Dank gebührt. In den Fragen der Ästhetik und der Durchbildung des Details stand uns der Düsseldorfer Stadtplaner, Herr Professor Tamms, dessen Name im Zusammenhang mit vielen Autobahn- und Straßenbrücken lobend genannt wird, zur Seite.

Die Voruntersuchungen ergaben, daß bei den gegebenen Verhältnissen eine Balkenbrücke oder eine Fachwerkbrücke neuerer Art in Frage kamen. Der Balkenbrücke wurde der Vorzug gegeben. Der dann aufgestellte Eigenentwurf entsprach der Forderung einer im Aussehen befriedigenden, wirtschaftlich sparsamen Konstruktion, ohne dabei allzu gewagte konstruktive Neuerungen, also Experimente, aufzuweisen. Dieser Entwurf gab die Voraussetzung für eine gut fundierte Angebotsabgabe und setzte die Firmen in die Lage, bei Einreichung von Gegenvorschlägen konstruktiv einwandfrei belegte Unterlagen zur Hand zu haben. Die Forderung nach getrennten Fahrbahnen mit Straßenbahn auf eigenem Bahnkörper führte zu dem gewählten Brückenquerschnitt zweier Hohlkastenträger für die beiden Fahrbahnen und Heranziehung der Querverbindungen als Tragelemente für den Gleiskörper. Diese Lösung dürfte glücklich sein. Die Brücke schwingt durch die gewaltige Aufgliederung des Querschnitts in bemerkenswerter Leichtigkeit über den Strom. Schwieriger war die Lösung des Belags der Fahrbahndecke. Es stand fest, daß eine Leichtfahrbahn gewählt werden sollte. Es stand weiterhin fest, daß die Betonfahrbahn auf der orthotropen Platte nicht befriedigt. Auch das Aufbringen einer dünnen Asphaltschicht auf dem Fahrbahnblech ließ Bedenken aufkommen. Hier brachten uns die im Jahre 1928 auf den rechtsrheinischen Zufahrtsstraßen zur Düsseldorf—Neußer Brücke probeweise eingebauten Stahlfahrbahnen auf den Gedanken, eine derartige Fahrbahn auch auf der neuen Brücke zu versuchen. Die uns günstigst erscheinende Konstruktion von wellenförmig geführten, hochkant gestellten Flacheisen, die sich im Laufe der Jahre 1928—1945 bestens bewährt haben, wurde zur Ausführung vorgesehen. Um gegen Überraschungen gesichert zu sein, wurde ein Teilstück der Brückenfahrbahn versuchsweise in einer stark befahrenen Ausfallstraße Düsseldorfs eingebaut. Das Versuchsstück war von unten zugänglich, so daß jederzeit Messungen und Beobachtungen vorgenommen werden konnten. Das Probestück hat bewiesen, daß die gewählte Art der Stahlfahrbahn das Richtige sein dürfte. Lediglich die Haftung der Asphaltfüllmasse auf dem Fahrbahnblech war unbefriedigend, da durch die plötzliche Abkühlung des aufgebrachten Asphaltbelages sich zwischen Asphalt und Stahlblech Wassertropfen bildeten. Man hat daher bei der endgültigen Ausbildung das Fahrbahnblech und die Flacheisen vor Aufbringen des Asphalts mit einem bituminösen, gummihaltigen Anstrich (Okta-Haftmasse) versehen.

Gleichlaufend mit den Entwurfsarbeiten wurden die mindestens ebenso wichtigen Finanzierungsverhandlungen geführt. Für die Düsseldorf—Neußer Brücke besteht seit 1. April 1927 ein Gesellschaftsvertrag zwischen den Städten Düsseldorf und Neuß. Danach hat die Stadt Düsseldorf 95 %, Anteile, die Stadt Neuß 5 %. Da die Stadt Neuß einen nicht unbeachtlichen Vorteil von der Brücke hat, wurde versucht, sie mehr als bisher an der Gesellschaft und damit an der Aufbringung der Kosten zu beteiligen. Die Stadt Neuß zeigte ihrerseits größtes Interesse an dem Wiederaufbau und hat diesen mit dankenswertem Eifer unterstützt. Düsseldorf und Neuß einigten sich und beschlossen ein neues Aufteilungsverhältnis von 87 % zu 13 %. Beide Städte führten sodann gemeinsam die Verhandlungen mit dem Land Nordrhein-Westfalen, da über die Brücke die Bundesstraße 1 führt. Außerdem stand den Städten ein Zuschuß aus allgemeinen Mitteln für Kriegsschädenbeseitigung zu. Das Land Nordrhein-Westfalen beteiligte sich schließlich mit 70 % an den Gesamtkosten. Davon sind ein Drittel verlorener Zuschuß und zwei Drittel Darlehn. Das Entgegenkommen und die Aufgeschlossenheit des Landes bei den Verhandlungen seien dankend hervorgehoben. Die restlichen 30 % sowie Verzinsung und Tilgung des Darlehns haben die beiden Städte Düsseldorf und Neuß im vorgenannten Verhältnis 87 : 13 aufzubringen bzw. zu tragen. Die Gesamtkosten werden rund 11 Millionen DM erreichen, wobei zu berücksichtigen ist, daß keine wesentlichen Tiefbauarbeiten zu leisten waren und die Vorlandbrücken nach größeren Instandsetzungsarbeiten wieder verwendet werden konnten.

So ist die Rheinbrücke Düsseldorf—Neuß wiedererstanden. Sie ist die zur Zeit weitest gespannte Blechträger-Deckbrücke und die Straßenbrücke über den Rhein mit der zur Zeit größten nutzbaren Breite zwischen den Geländern. Ein Dokumentarfilm über das Werden dieser Brücke wird geeignet sein, die Bürger, insbesondere unsere Jugend, mit dem neuesten Leistungsstand der Brückenbaukunst und der neuzeitlichen werkgerechten Verwendung von Stahl im Ingenieurbau vertraut zu machen.

Die Herausgabe dieser Festschrift aber soll sein ein Dank an alle, die an dem Bauwerk mitgewirkt haben.

20

Die Planung zum Wiederaufbau der Rheinbrücke Düsseldorf—Neuß.

Prof. Dr.-Ing. e. h. **Karl Schaechterle**, Stuttgart, und Dipl.-Ing. **Louis Wintergerst**.

Der Ausschreibungsentwurf.

Die in den Jahren 1927 bis 1929 erbaute Straßenbrücke über den Rhein zwischen Düsseldorf und Neuß (Abb. 1, 2 u. 3 Übersicht und Schaubild) in Stromkilometer 737,1 wurde 1945 durch Sprengung zerstört. Die Pfeiler und Widerlager sind bis auf den stark beschädigten Strom-

Abb. 1. Lichtbild der alten Brücke.

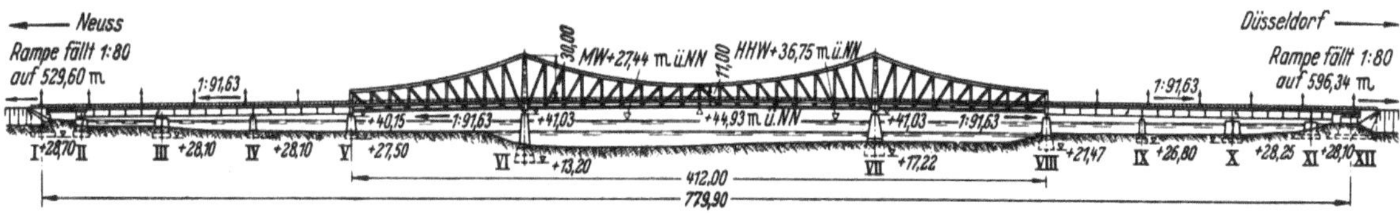

Abb. 2. Übersicht der alten Brücke.

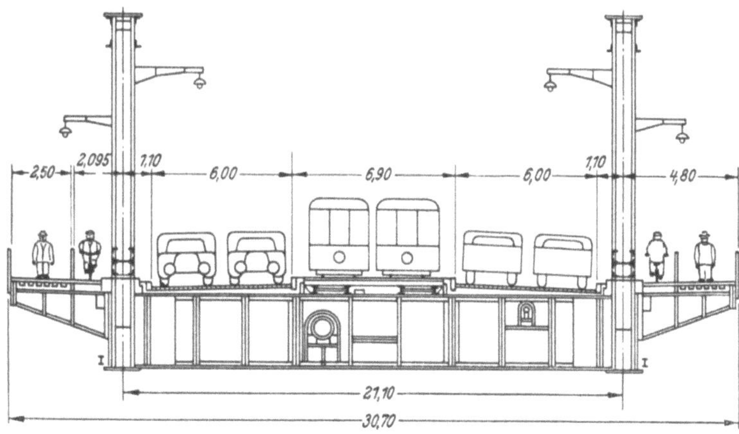

Abb. 3. Querschnitt der alten Brücke.

pfeiler VI und den Vorlandpfeiler IV erhalten geblieben. Die stählernen Überbauten der Deich- und Vorlandbrücken mit obenliegender Fahrbahn konnten angehoben, instandgesetzt und wieder verwendet werden. Die in das Rheinbett abgestürzte Strombrücke mit zwischen den Fachwerk-trägern versenkter Fahrbahn war neu zu erstellen.

Die Stadtverwaltung Düsseldorf beschloß, den Rheinübergang in voller Breite wiederher-
zustellen. Die Stützweiten der neu zu errichtenden Strombrücke — 103—206—103 m — lagen
fest. Die Anschlüsse an die vorhandenen Vorlandbrücken, die gesamte Breite von 30,13 m
zwischen den Geländern, die Höhenlage der Fahrbahn, die Gradiente und das freizuhaltende
Schiffahrtsprofil waren gegeben. Voruntersuchungen ergaben, daß unter diesen Voraussetzungen
eine Deckbrücke in Hohlkastenbauart möglich und wirtschaftlich ist.

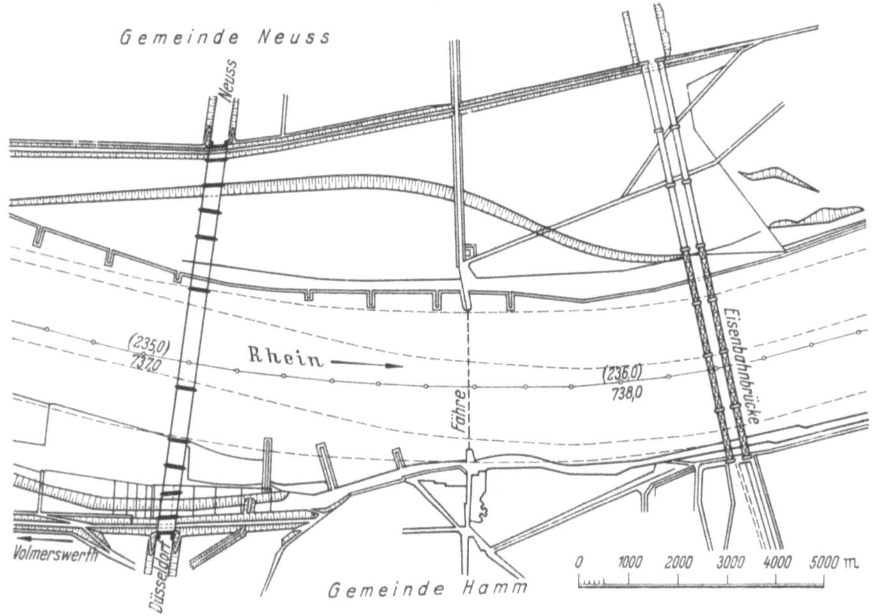

Abb. 4. Lageplan zur Ausschreibung.

Bei der Fachwerkbrücke alter Bauart mit über die Fahrbahn aufragenden Hauptträgern war
das Gesamtstahlgewicht erheblich größer. Eine Stabbogenbrücke zur Überspannung der großen
Schiffahrtsöffnungen ist zwar technisch zweckmäßig und wirtschaftlich, an dieser Stelle jedoch
nicht überzeugend. Wohl wird durch die hoch über die Fahrbahn aufsteigenden Bogen die Schiff-
fahrtsöffnung stark betont und das Fahrbahnband kann in gleichbleibender Höhe durchgeführt
werden. Dagegen wird beim Befahren der Brücke der Ausblick auf Strom und Ufer beengt. Die
Rad- und Gehwege müssen kanzelartig um die Bogenschenkel herumgeführt werden, wobei die
Ausbuchtung der Geländer über den Strompfeilern nicht befriedigend zu lösen ist. Bei der
Anfahrt auf die Brücke und von den Ufern aus sieht man das Tragwerk in unschöner Verkürzung. Wenn eine Deckbrücke mit einem der Fahrbahn untergeordneten Tragwerk möglich

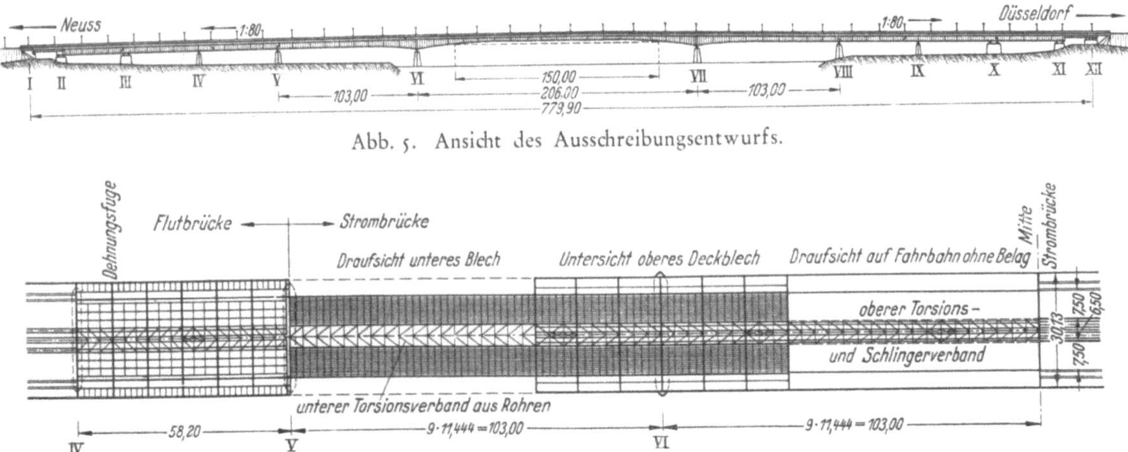

Abb. 5. Ansicht des Ausschreibungsentwurfs.

Abb. 6. Draufsicht des Ausschreibungsentwurfs.

22

ist, so verdient diese den Vorzug. Bei Straßenbrücken ist ohnehin eine Deckbrücke mit freier Bahn und uneingeschränkter Sicht die natürlichste Lösung.

Bei den örtlichen Gegebenheiten und unter Einhaltung des vorgeschriebenen Schiffahrtsprofiles konnten die großen Öffnungen mit einem schlanken Hohlkastentragwerk überbrückt werden (Abb. 4—6). Aus Wirtschaftlichkeitsgründen und mit Rücksicht auf den Freivorbau in der Schiffahrtsöffnung mußte das Eigengewicht der Brücke so niedrig wie möglich gehalten werden.

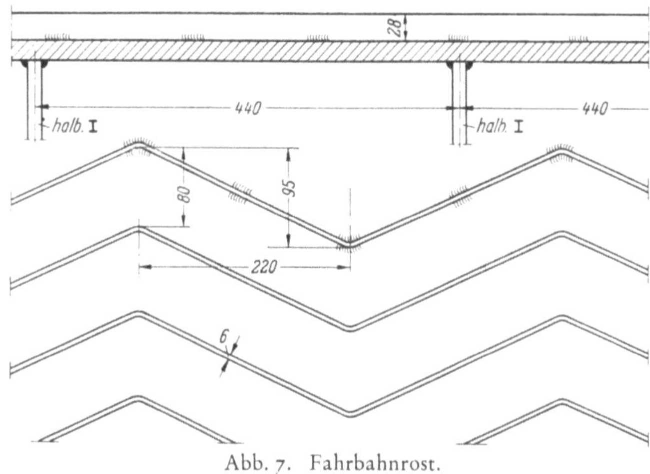

Abb. 7. Fahrbahnrost.

Mit einer Leichtfahrbahn aus Gußasphaltbelag (Abb. 7), der auf dem ebenen Hohlkastendeckblech durch aufgeschweißte fischgrätförmig angeordnete Querrippen schubfest verankert wird, konnte das Eigengewicht der Fahrbahndecke auf 90 kg/m² gegenüber 913 kg/m² bei der alten Brücke gesenkt werden. Das Fahrbahnblech ist als Obergurt des Hohlkastens ein Teil des Haupttragwerks und wird durch die Querrippen des Rostes in willkommener Weise ausgesteift.

Im Längsprofil (Abb. 8) steigt die Brückenfahrbahn von den Rampen aus auf den beiderseitigen Vorlandbrücken mit 1 : 80 zum Brückenscheitel an. Die Kuppe wurde in der Mittelöffnung mit 8250 m ausgerundet. Der Obergurt des Kastentragwerks folgt der Fahrbahnlinie, der Untergurt ist auf die Auflager über den Strompfeilern herabgezogen. Für das Brückenbild und den Gesamteindruck der Brücke von den Ufern und vom Strom aus gesehen war die Führung der geschwungenen Ober- und Untergurtlinien von entscheidender Bedeutung. Nach zahlreichen Versuchen wurden in Übereinstimmung mit dem künstlerischen Berater, Architekt Prof. Tamms, unter Berücksichtigung der Forderungen der Schiffahrt die Trägerhöhen auf 3,3 m im Brückenscheitel und 7,8 m über den Strompfeilern festgelegt. An den Trägerenden war die

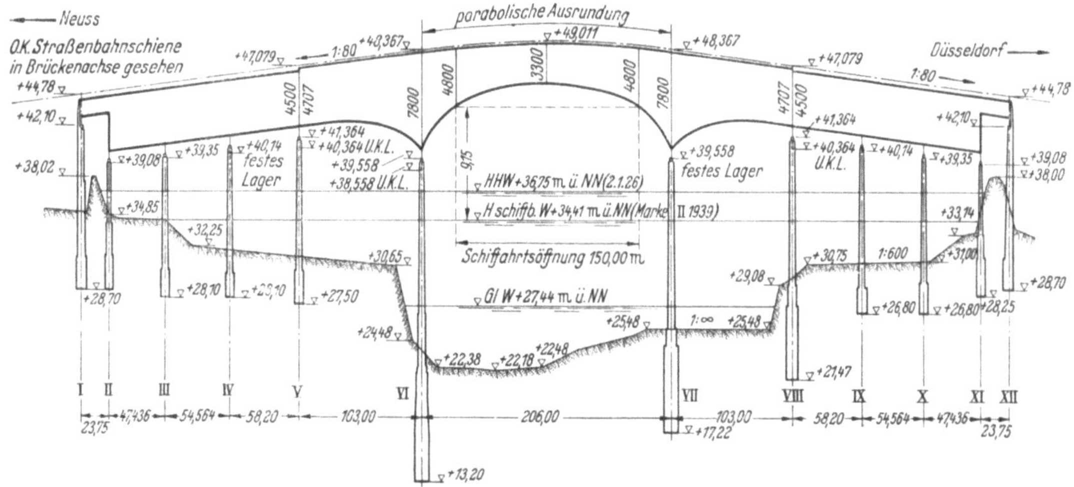

Abb. 8. Längenprofil.

Höhe von 4,7 m durch die vorhandenen Flutbrücken bestimmt. Der Untergurt wurde von Brückenmitte nach den Strompfeilern hin stetig zunehmend gekrümmt und in den Seitenöffnungen bis zum Trägerende weich ausgeschwungen. Die Hohlkastenbalkenbrücke ist außerordentlich schlank. Bezogen auf die Stützweite L = 206 m beträgt die Bauhöhe im Brückenscheitel $\frac{1}{62}$ L über den Strompfeilern $\frac{1}{23}$ L.

Die alte Brücke besaß 2 Richtungsfahrbahnen von je 6 m Breite, eine offene Fahrbahn für die zweigleisige Straßenbahn im Mittelstreifen von 6,9 m Breite zwischen den Bordkanten, sowie außerhalb der Hauptträger gelegene Rad- und Gehwege von 1,6 bzw. 2,5 m Breite. Durch den Wegfall der über die Fahrbahn ragenden Hauptträger konnten die beiden Richtungsfahrbahnen von 6 auf 7,5 m verbreitert werden (Abb. 9). Der Mittelstreifen zur Aufnahme der

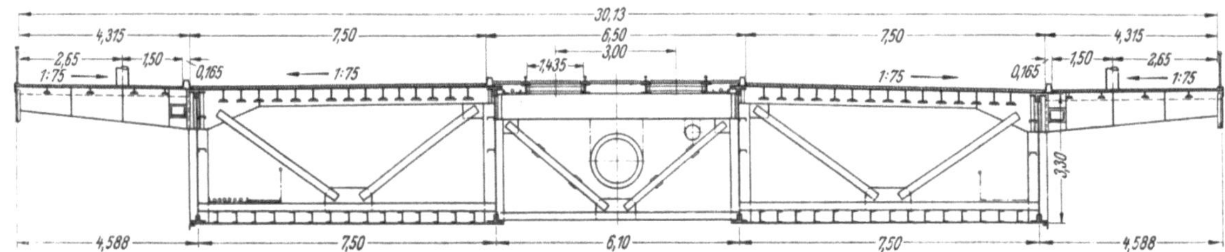

Abb. 9. Querschnitt in Brückenmitte.

Straßenbahn wurde von 6,9 auf 6,5 m verschmälert. Um den Ausblick vom Kraftwagen aus auf Strom und Ufer zu verbessern, hat man die Fuß- und Radwege gegenüber früher etwas tiefer gelegt, die Geländerhöhe auf 0,9 m festgesetzt und ein einfaches Stabgeländer mit kräftigem Holm ohne Fußleisten gewählt. Die 18 cm hohen Schrammborde aus Abkantblechen werden auf den Kastendeckblechen aufgeschweißt. Mit den beiderseitigen Rad- und Gehwegen ergibt sich eine Gesamtnutzbreite von 2 (2,65 + 1,50 + 7,50) + 6,50 = 29,8 m und ein Lichtabstand der Geländer von 30,13 m. Den Seitenabschluß der Brückentafel bilden 90 cm hohe Randträger.

Das Haupttragwerk besteht aus einem dreizelligen Hohlkasten. Die beiden äußeren Zellen sind durch die Stegbleche, das untere Gurtblech und die Fahrbahntafel als Obergurt vollkommen geschlossen, während die mittlere Zelle durch die Stegbleche und einen oberen und unteren Torsionsverband gebildet wird.

Die Hohlkastendecke wurde zur Aufnahme der Fahrzeuglasten als Kreuzträgerrostplatte ausgebildet, berechnet und bemessen. Die auf Konsolen auskragende Deckplatte für die Rad- und Gehwege ist als mittragender Teil des Haupttragwerks teilweise ausgenützt. Der Trägerrost unter der Straßenfahrbahn besteht aus geschweißten Querträgern in 1,9 m Abstand und Längsträgern aus halbierten I 36 bis 55 in 44 cm Abstand, beide mit Kehlnähten an das Deckblech angeschweißt. Das Fahrbahnblech selbst ist mindestens 14 mm stark und überträgt Punktlasten auf die Längs- und Querträger, wobei die Rippen des aufgeschweißten Rostes als Aussteifung dienen. Die durchlaufenden Längsrippen sind auf den schlanken Querträgern federnd gestützt, die Querträger auf den Stegen des Haupttragwerks mit einer Spannweite von 7,5 m nahezu unnachgiebig gelagert. Die Kreuzträgerrostplatte verteilt die konzentrierten Einzellasten längs und quer. Eine Vorberechnung zeigte schon, daß man ausreichend genau mit einer Rostbreite von 15,2 m, d. h. mit 9 Rosthauptträgern rechnen darf. Weitere Hauptträger nehmen an der Lastaufnahme einer Einzellast praktisch nicht mehr teil. Da die Fahrbahnlängsträger gleichzeitig Teile des Haupttragwerks sind, kommen zu den Beanspruchungen aus örtlichen Fahrzeuglasten noch die Hauptträgerspannungen hinzu. Die Beanspruchung aus örtlichen Fahrzeuglasten mußte deshalb möglichst niedrig gehalten werden, was durch eine günstige Wahl des Verhältnisses der Trägheitsmomente der Längsträger zu denen der Querträger zu erzielen war. Außerdem spielt das Verhältnis Längsträgerabstand zu Querträgerabstand dabei eine wichtige Rolle.

Der Mittelstreifen zur Aufnahme der Straßenbahn ist zwischen den Schrammborden mit offenen engmaschigen Gitterrosten abgedeckt. Die Straßenbahnschienen werden mit Unterlagsplatten auf den Längsträgern festgeklemmt. Der Straßenbahnoberbau einschließlich Abdeckung wiegt nur 75 kg/m². Die Schienenoberkante liegt in gleicher Höhe wie die Schrammborde.

24

Die untere längs und quer ausgesteifte Hohlkastenplatte wird als Untergurt des Haupttragwerks hauptsächlich in der Längsrichtung durch die Gurtkräfte beansprucht. Infolge der Krümmung — kleinster Krümmungsradius am Strompfeiler R = 170 m — treten außerdem Umlenkkräfte auf, die durch Quersteifen in die Stegbleche der Hohlkasten geleitet werden. Die durchlaufenden Längssteifen wurden als Bestandteile des Haupttragwerks durch die Quersteifen durchgeführt und mitgerechnet. Die am Untergurt die freien Blechränder sichernden Saumwinkel verdecken die in Brückenan- und -untersicht störenden Gurtstöße.

Die 12 bis 16 mm dicken Stegbleche des Hohlkastentragwerks sind durch Längssteifen im Kasteninnern und lotrechte Aussteifungen außen im Querträgerabstand von 1,9 m gegen Ausbeulen gesichert. Zur Aufnahme der Anschlußmomente der Konsolträger und in Zusammenhang mit den Querverbänden sind außerdem lotrechte Steifen im Kasteninnern angeordnet.

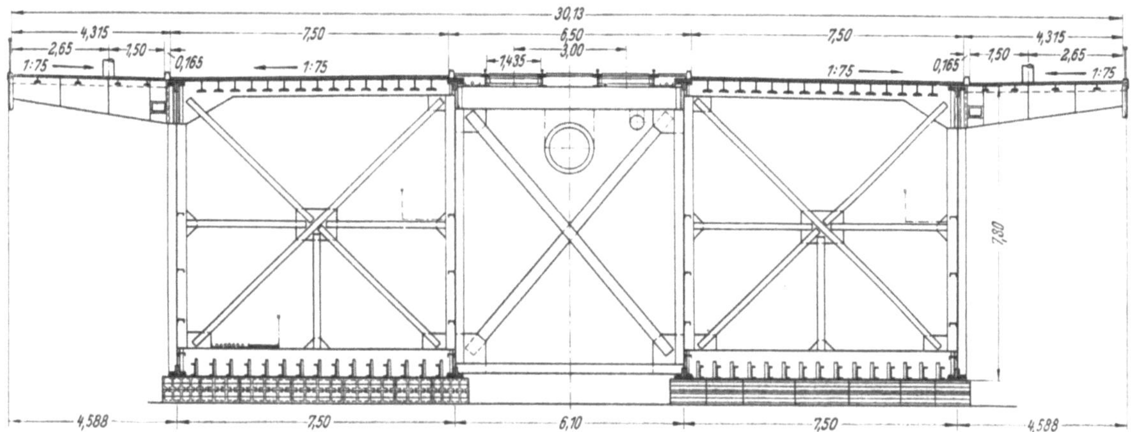

Abb. 10. Querschnitt am Strompfeiler.

An den Stellen der größten Querkräfte in der Nähe der Strompfeiler sind die Untergurte so stark geneigt, daß sie einen großen Teil der Querkraft aufnehmen und das 16 mm dicke Stegblech auch bei 7,8 m Höhe noch ausreicht.

Die beiden äußeren Hohlkastenzellen sind durch die Querträger zur Aufnahme der Straßenbahngleise und Torsionsverbände in Höhe des Ober- und Untergurtes verbunden. Auf die ganze Breite durchgehende kräftige Querverbände in 22,88 m Abstand machen das Gesamttragwerk verwindungssteif.

Die Berechnung zeigte die Vorteile des verwindungssteifen Hohlkastentragwerks. Durchgehende Belastung einer Richtungsfahrbahn in der Mittelöffnung ergab nur eine geringe Verdrehung des Gesamtquerschnittes. Für die Bemessung des Haupttragwerks war deshalb Vollbelastung auf die gesamte Brückenbreite maßgebend. Die Querverbände wurden für einseitige Belastung, die die größte Verdrehung ergab, berechnet und bemessen. Die Torsionsmomente aus der Mittelöffnung werden durch die Lager an den Strompfeilern aufgenommen, da diese als Linienkipplager über die ganze Breite der beiden äußeren Hohlkastenzellen durchgeführt sind. An den Knickstellen des unteren Kastenbleches über den Strompfeilern sind kräftige Querträger angeordnet und die Stegbleche durch 3 lotrechte Hauptsteifen verstärkt. Die Winddrücke, sonstige Seitenkräfte und Torsionsmomente werden durch einen in der Stützebene angeordneten Querverband auf die Lager übertragen (Abb. 10). Damit sich in den geschlossenen Kasten über den Lagern kein Wasser ansammeln kann, wurde eine Betonfüllung vorgesehen, so daß die Entwässerungslöcher außerhalb der Strompfeiler angeordnet werden konnten. Der Beton erhöht die Knick- und Beulsicherheit des unteren Kastenbleches und schützt alle einbetonierten Stahlteile gegen Rost.

Die festen Lager der Strombrücke befinden sich auf dem rechtsrheinischen Strompfeiler VII, die der Flutbrücken auf den Pfeilern IV und IX. Alle übrigen Lager sind längsbeweglich als Pendellager ausgebildet. Beim Übergang von der Strombrücke zu den beiderseitig anschließenden Flutbrücken ist das Kastentragwerk mit Einzellagern unter den äußeren Hauptträgerstegen auf den Uferpfeilern V und VIII abgestützt. Dabei werden die Querkräfte der Innenstege des

Hohlkastens durch vollwandige Endquerscheiben auf die äußeren Stege übertragen. Die Trägerenden sind durch die Auflagerung der Flutbrücke gegen Abheben von den Lagern gesichert. Die
Auflagerdrücke der Flutbrücken ergeben eine 1,3fache Sicherheit gegen Abheben der Trägerenden. Die Lagerkörper selbst bestehen aus Stahlguß Stg 52.81 S und sind in Platten und Rippen
mit Gurtverstärkung aufgelöst. Die entstehenden Hohlräume werden mit Beton ausgefüllt.

Um beim Fahrbahnübergang von der Strombrücke zur Flutbrücke eine Stufenbildung zu
vermeiden und ein stoßfreies Befahren zu gewährleisten, wurde eine Schleppträgerkonstuktion
vorgesehen.

In der Berechnung des Haupttragwerks war angenommen, daß in den Seitenöffnungen auf
Gerüsten montiert und in der Mittelöffnung von den Strompfeilern aus gerüstlos frei vorgebaut
wird. Durch diesen Bauvorgang wird das Tragwerk in Brückenmitte entlastet (Abb. 11), da dort
kein Moment aus Eigengewicht der Stahlkonstruktion entsteht. Dagegen tritt über den Strom-

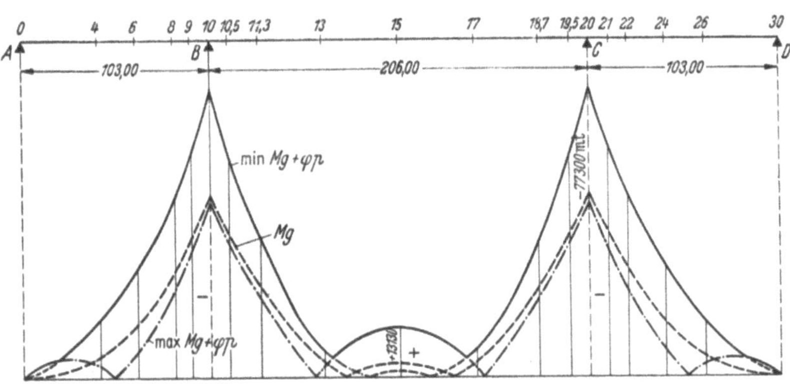

Abb. 11. Max. Momentenlinie für halbe Brückenbreite.

pfeilern ein erhebliches Kragmoment auf, das bei dem hohen Querschnitt mit verhältnismäßig
wenig Stahl aufgenommen werden kann. Erst für das restliche Eigengewicht — Fahrbahnbelag,
Rad- und Gehwegbeläge, Stahlgitterroste, Beleuchtungsmaste und Kabel — und die Verkehrslasten wirkt das Tragwerk als Durchlaufträger mit stark veränderlichem Trägheitsmoment. Die
Berechnung ergab, daß das größte positive Feldmoment nur 17 % des größten negativen Stützen-
momentes beträgt. Die Gewichtsberechnung zu dem Ausschreibungsentwurf schloß mit einem
Gesamtstahlgewicht von 6800 Tonnen ab. Davon waren 6300 Tonnen St 52 und 500 Tonnen
St 37. Dem entspricht ein Stahlgewicht von 550 kg je Quadratmeter Nutzfläche. Das Stahlgewicht des alten Überbaues betrug 8464 Tonnen.

Die Ausschreibung.

Die Stahlbauarbeiten zum Wiederaufbau der Strombrücke wurden im März 1950 auf Grund
von sorgfältig bearbeiteten Unterlagen öffentlich ausgeschrieben. Die Ausschreibungsunterlagen
bestanden aus 13 Zeichnungen u. a. (Abb. 4—11), einer Baubeschreibung und einem Leistungs-
verzeichnis. Die stat. Berechnung konnte eingesehen werden. In den Positionen des Leistungs-
verzeichnisses waren alle in den Vorschriften nicht besonders erwähnten Nebenleistungen ein-
geschlossen. Die angebotenen Preise waren Festpreise.

Die anbietenden Firmen konnten je einen Sonderentwurf einreichen. Diesem waren die ein-
schlägigen DIN-Vorschriften und als Verkehrslasten diejenigen der Brückenklasse I A, 70-t-
Raupenfahrzeug und Militärfahrzeuge in Einzelfahrt, Lastenzüge der Rhein-Schnellbahn und
Versorgungsleitungen mit 1,35 t/lfm zugrunde zu legen. Dem Angebot war außer den Zeichnungen beizufügen: ein Bauzeitplan, Montagezeichnungen mit eingehender Beschreibung, eine
statische Berechnung und eine Mittelbedarfsübersicht.

Ergebnis der Ausschreibung.

Neben den Angeboten auf den verwaltungsseitigen Entwurf sind 10 Sonderentwürfe eingereicht worden, die von der Stadtverwaltung unter Zuziehung der Sachbearbeiter hinsichtlich
Einhaltung der Wettbewerbsbedingungen, Konstruktion, Berechnung, Bemessung, baulicher

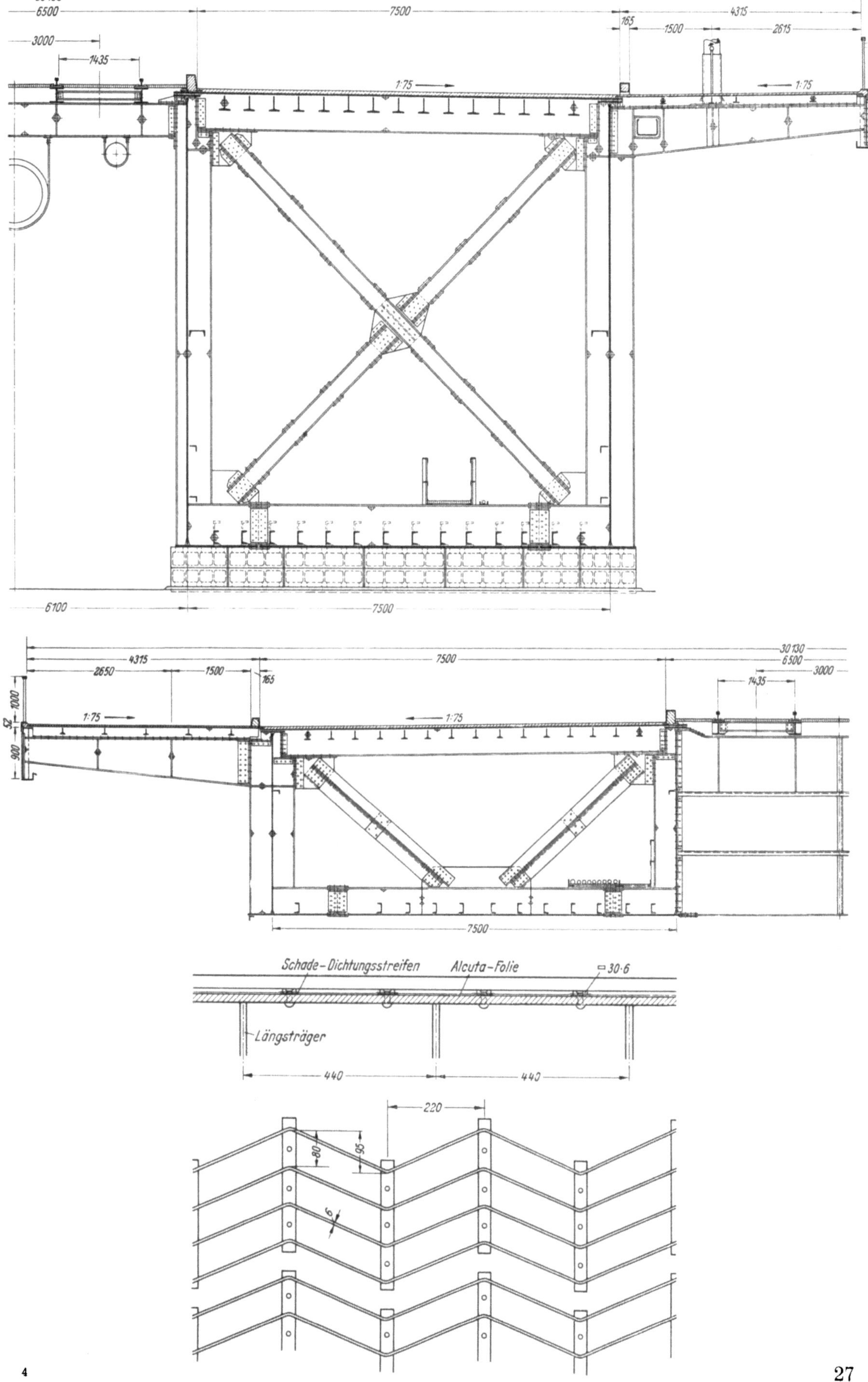

Abb. 12. Sonderentwurf: Hein, Lehmann & Co.

Durchbildung, Stahlgewichte, Werkstoffe und Kosten überprüft wurden. Dabei wurden die zum Teil verschiedenen Lastannahmen auf einen Nenner gebracht, so daß die Entwürfe mit dem Ausschreibungsentwurf verglichen werden konnten. Die Entwürfe waren zum großen Teil sehr gründlich durchgearbeitet, ihr Stahlgewicht jedoch meist zu niedrig angegeben.

Nach der Bauart konnten die Sonderentwürfe in 3 Gruppen zusammengefaßt werden.

I. Hohlkastentragwerke, ausgehend vom Verwaltungsentwurf, angeboten von den Firmen:
1. Hein, Lehmann & Co., Düsseldorf;
2. GHH Oberhausen AG, Sterkrade-Düsseldorf.

II. Balkentragwerke als Deckbrücken, zum Teil in Stahlverbundbauweise mit Vorspannung, angeboten von den Firmen:
3. J. Gollnow & Sohn, Düsseldorf;
4. Stahlbau Rheinhausen;
5. Aug. Klönne, Dortmund;
6. Demag AG, Duisburg - Düsseldorf;
7. MAN Werk Gustavsburg;
8. C. H. Jucho, Dortmund.

III. Brücken mit Tragwerkteilen über der Fahrbahn, angeboten von den Firmen:
9. Dortmunder Union, Brückenbau AG, Dortmund;
10. Eggers, Hamburg.

Bei dem Sonderentwurf von Hein, Lehmann & Co., Düsseldorf (Abb. 12), sind die Torsionsverbände, die beim Verwaltungsentwurf die beiden äußeren Hohlkastenzellen miteinander verbinden, durch steife Querscheiben ersetzt. Die Torsionssteifigkeit des gesamten Querschnitts wird dadurch etwas kleiner, reicht jedoch noch vollkommen aus. Durch konstruktive Maßnahmen (Stoßanordnung, geschweißte Ausführung usw.) konnten Stahlersparnisse gegenüber dem Behördenentwurf erzielt werden.

Der Sonderentwurf der GHH unterscheidet sich vom Behördenentwurf nur in Einzelheiten der Fahrbahntafel und der Stoßanordnung. Die Entwässerungsrinnen sind in das Innere des Hohlkastens verlegt, wodurch die Brückenansicht verbessert wird. Das Haupttragwerk ist ganz geschweißt.

Der Sonderentwurf von J. Gollnow & Sohn, Düsseldorf (Abb. 13), zeigt ein Hohlkastentragwerk mit Leichtfahrbahn und über den Zwischenstützen im Bereich der negativen Stützenmomente unter dem Deckblech der äußeren Hohlkasten eingebauten Seilen. Die Seilkräfte greifen an den Längsrippen der Fahrbahntafel an. Um die durch das Spannen der Seile erzeugten Normalkräfte und Momente auf den gesamten Brückenquerschnitt zu verteilen, sind zusätzliche Konstruktionsglieder erforderlich. Die Schienenlängsträger sind in der statischen

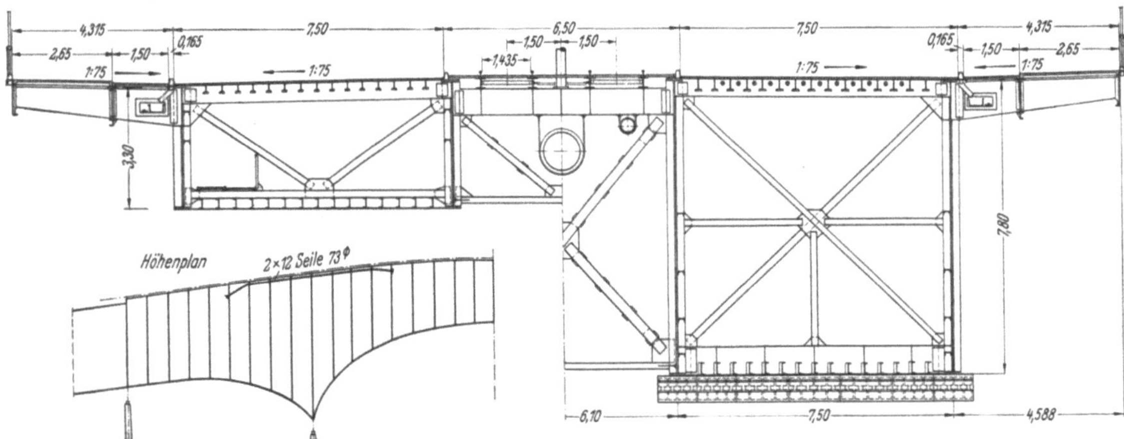

Abb. 13. Sonderentwurf: Gollnow.

Berechnung als mitwirkende Teile des Haupttragwerks herangezogen, was sich jedoch wegen ihrer großen örtlichen Beanspruchung durch Fahrzeuglasten schwer durchführen lassen würde.

Bei dem gründlich durchgearbeiteten Sonderentwurf von Stahlbau Rheinhausen (Abb. 14) sind ebenfalls im Bereich der negativen Stützenmomente Spannseile vorgesehen, die 20 cm unter dem Kastendeckblech liegen und eine Seilkraft von 6900 t je Hohlkasten in den Hauptträgerquerschnitt einleiten. An der Verankerungsstelle sind zur Übertragung der Seilkraft zusätzliche

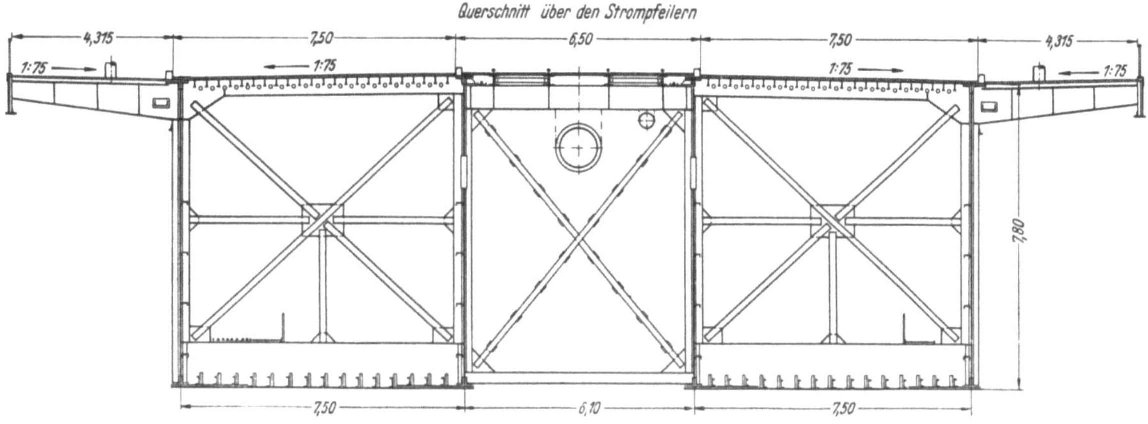

Abb. 14. Sonderentwurf: Rheinhausen.

Stahlmengen erforderlich. Um die eingebauten Seile auf die aus statischen Gründen erforderliche Seilkraft anzuspannen, sind geeignete Montagemaßnahmen vorgesehen. Die Längsrippen der Fahrbahnplatte sind erheblich schwächer als beim Verwaltungsentwurf.

Der Sonderentwurf von August Klönne, Dortmund (Abb. 15), ist dem Vorschlag von Stahlbau Rheinhausen ähnlich. Die Seillängen sind jedoch abgestuft, so daß die Seilkräfte an mehreren Stellen eingeleitet werden. Die vorgeschlagenen Maßnahmen zur Gewichtsersparnis sind beachtenswert. Das angegebene Stahlgewicht mußte nur um ein sehr geringes Maß erhöht werden.

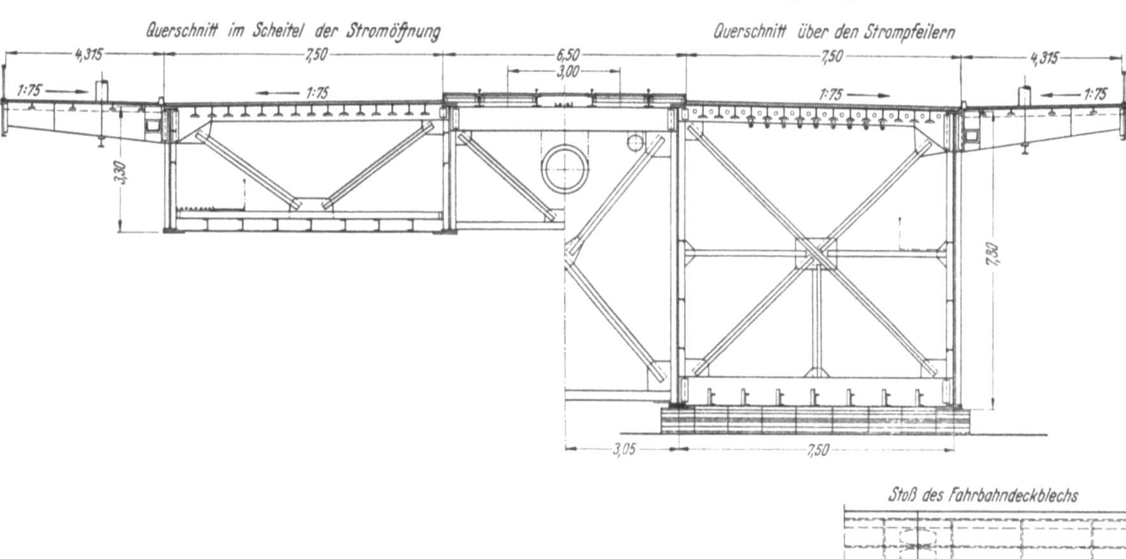

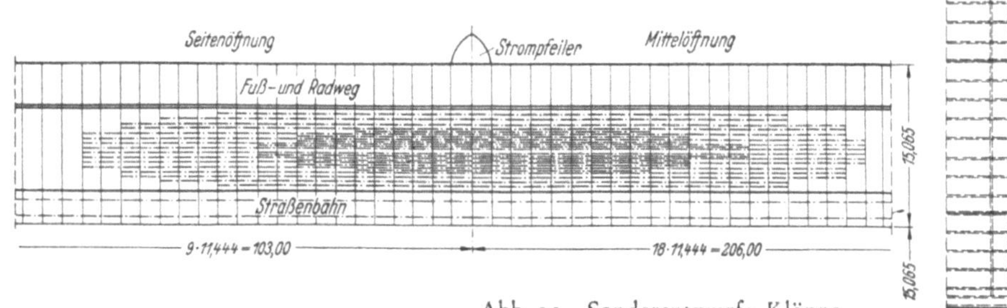

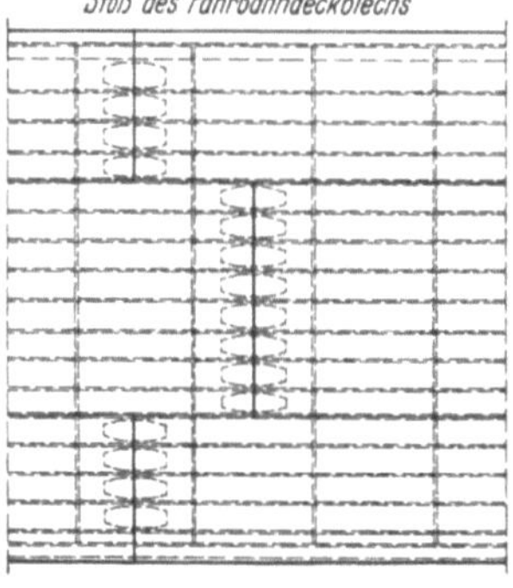

Abb. 15. Sonderentwurf: Klönne.

Der Sonderentwurf der Demag Duisburg in Verbindung mit Prof. Dr.-Ing. Dischinger, Berlin-Charlottenburg (Abb. 16), zeigt ein mit Haupt- und Nebenseilen vorgespanntes Kastentragwerk. Die Einleitung der Seilkräfte in das Haupttragwerk ist einwandfrei durchgebildet. Das Hängewerk kann das gesamte Eigengewicht aufnehmen. Über den Strompfeilern ist der Stahluntergurt durch eine 35 bis 60 cm dicke Stahlbetondruckplatte auf rund 30 m Länge verstärkt. Nach Schwinden und Kriechen des Betons sollen die Seile nochmals nachgespannt werden. In der

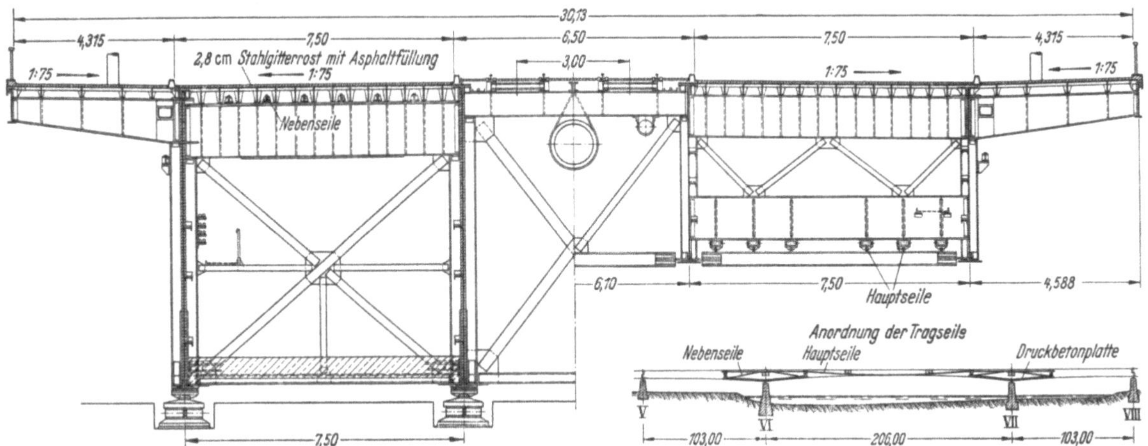

Abb. 16. Sonderentwurf: Demag.

statischen Berechnung ist die Bruchsicherheit des Bauwerks nachgewiesen. Die Spannungen aus Windbelastung, Temperatureinflüssen, ungleicher Erwärmung der kräftigen Betondruckplatte und der der Sonnenbestrahlung ausgesetzten Stahlteile müßte noch berücksichtigt werden. Zur Entlüftung der Hohlkasten wird vorgeschlagen, die Beleuchtungsmasten als Abzugskamine zu benützen.

Das von der MAN Werk Gustavsburg vorgeschlagene Balkentragwerk wird in 2 Varianten eingereicht.

Vorschlag A: Torsionssteifer Dreifeldbalken mit geschwungenem Untergurt. Alle Zellen unten offen.

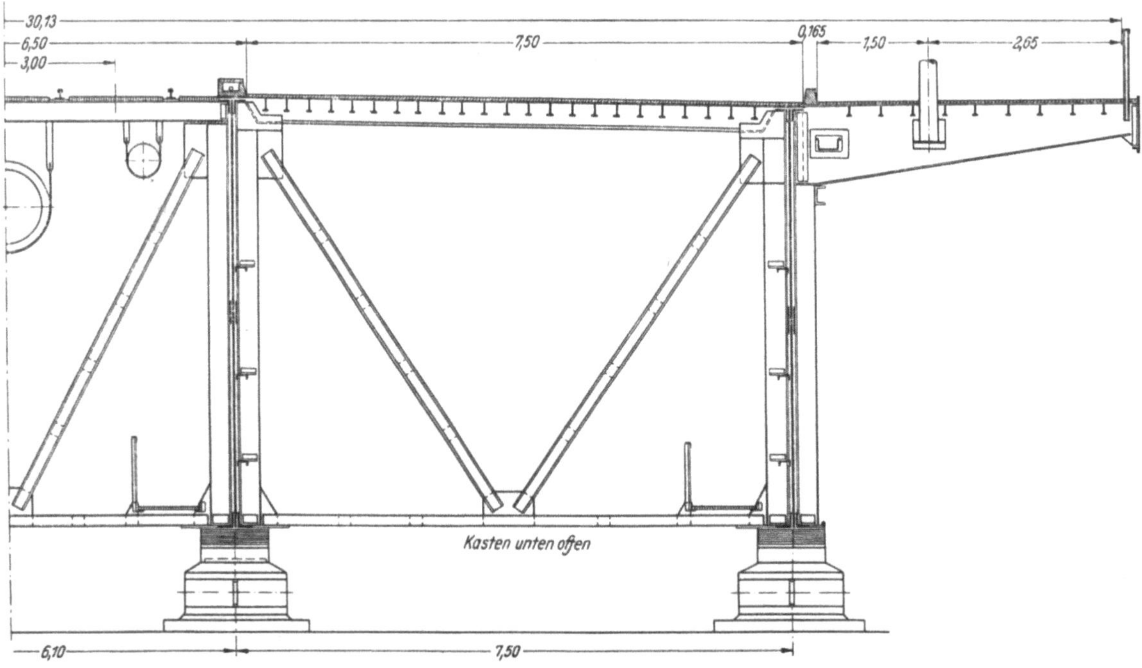

Abb. 17. Sonderentwurf: M. A. N.

30

Vorschlag B: Hauptträgergurte nahezu parallel geführt und der Schwingung der Fahrbahngradiente angepaßt (Abb. 17).

Die Stahlkonstruktion ist eingehend durchgearbeitet und in beiden Fällen äußerst sparsam
bemessen. Die Hauptträger sind besonders beim Vorschlag B in Brückenmitte wesentlich höher
als beim verwaltungsseitigen Entwurf. Die dadurch bedingte Vergrößerung des Längsgefälles
der Fahrbahn ist nicht erwünscht.

Die Dortmunder Union Brückenbau AG schlägt in ihrem Sonderentwurf einen als dreizelligen
Hohlkasten ausgebildeten Durchlaufträger über 3 Öffnungen mit Stabbogen über der Mittelöffnung vor (Abb. 18). Die Stabbogen sind zwischen dem Straßenbahnkörper und den Richtungs-

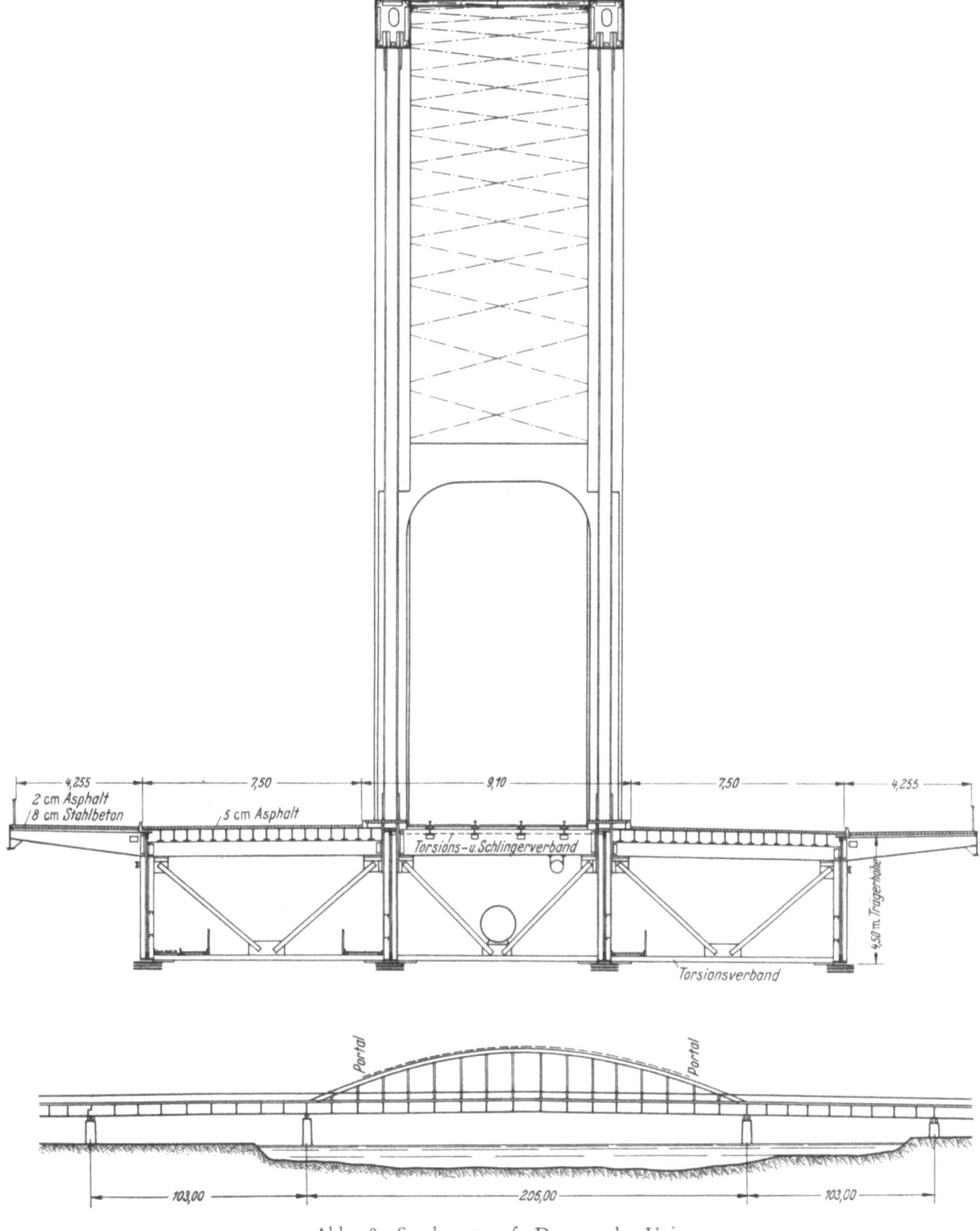

Abb. 18. Sonderentwurf: Dortmunder Union.

fahrbahnen angeordnet und machen eine Verbreiterung der Brücke über die Länge der Mittelöffnung notwendig. Die Verziehung beim Übergang von der schmaleren Fahrbahnbreite in der
Seitenöffnung zur breiteren Fahrbahn in der Mittelöffnung und die über die Fahrbahn aufsteigenden Stabbogen beeinträchtigen das Brückenbild und werden beim Befahren der Brücke in
unschöner Verkürzung gesehen.

Der Sonderentwurf der Firma C. H. Jucho, Dortmund, in Verbundbauweise (Abb. 19) zeigt
ein Hohlkastentragwerk aus 6 Hauptträgern mit Stahlbeton-Fahrbahnplatten, die auf den
Obergurten der Stahlträger schubfest verankert sind. Die über 3 Öffnungen durchlaufenden
Blechträger mit der größten Trägerhöhe in Brückenmitte sind mit kleinen Vouten auf den
Strompfeilern gelagert. Durch eine Stützensenkung nach dem Aufbringen und Erhärten der

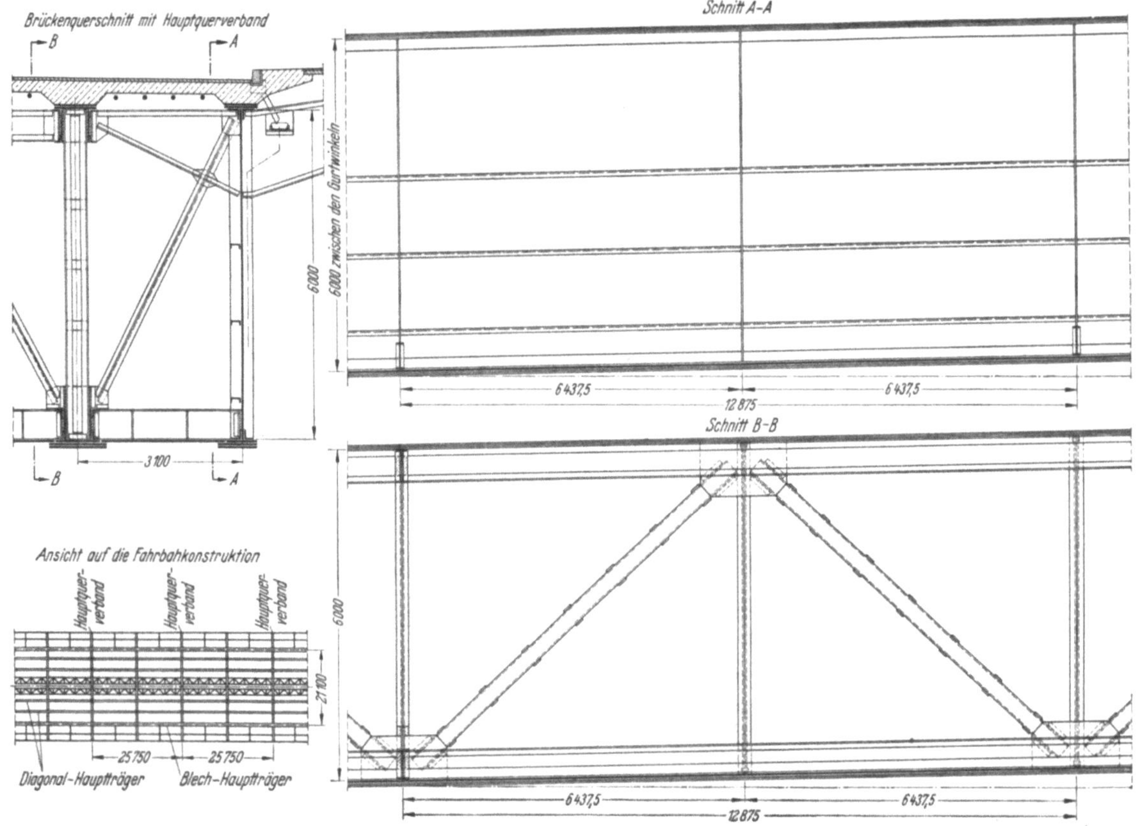

Abb. 19. Sonderentwurf: Jucho.

Stahlbetonfahrbahnplatte wird erreicht, daß die positiven und negativen Größtmomente nahezu
gleich groß werden. Die Stahlbetonfahrbahnplatte wird im Bereich der negativen Momente auf
etwa 200 m Länge mit Seilen vorgespannt. Die Hohlkasten sind durch Kreuzverbände in 24 m
Abstand ausgesteift und durch Torsionsverbände miteinander verbunden. Zur Aufnahme des
Winddruckes während der Montage ist ein Montagehilfsverband vorgesehen, der später durch
die Stahlbetonfahrbahnplatte ersetzt wird. Für die Montage sind je 2 Stützjoche in den
Seitenöffnungen und ein Montagestützpfeiler in 85 m Abstand vom rechtsrheinischen Strompfeiler VII vorgesehen. In der Mittelöffnung wird vom Pfeiler VII aus bis zum Montagestützpfeiler frei vorgebaut, wobei das Stützenmoment (42 000 tm) von dem Stahlquerschnitt allein
aufzunehmen ist. Vom Strompfeiler VI und von der Montagestütze aus sind noch je 60 m
frei vorzubauen. Nach dem Schluß erfolgt die Aufbetonierung der Stahlbetonfahrbahnplatte.
Sie wird nach dem Erhärten mit den unmittelbar unter der Platte angeordneten Seilen im
Bereich der negativen Momente auf ewa 200 m Länge auf 100 bis 120 kg/cm² Druck vorgespannt, wobei auch Stahlbauteile mitvorgespannt werden. Dann werden die Behelfsstützen
entfernt. Der Bauvorgang erfordert einen Montagestützpfeiler im Strombett, der nicht zulässig ist.

Außerdem bestanden Bedenken auf Grund ähnlicher Ausführungen, da die vorgesehene Vorspannung eines Stahlverbundträgers nicht die Rissefreiheit der Fahrbahnplatte bringen wird, die sich der Verfasser auf Grund theoretischer Überlegungen vorgestellt hat. In der Praxis ist die Ausführung des vorbeschriebenen vorgespannten Verbundträgers noch nicht erprobt.

Der Sonderentwurf der Fa. Eggers, Hamburg, (Fachwerkbrücke Abb. 20) zeigt ein über 3 Öffnungen durchlaufendes, pfostenloses Strebenfachwerk mit parallelen Gurten und 15 m Systemhöhe. Obwohl dem Entwurf kein statischer Nachweis beigegeben war, ist zu erkennen, daß Gewichtseinsparungen gegenüber dem Verwaltungsentwurf nicht erzielt werden.

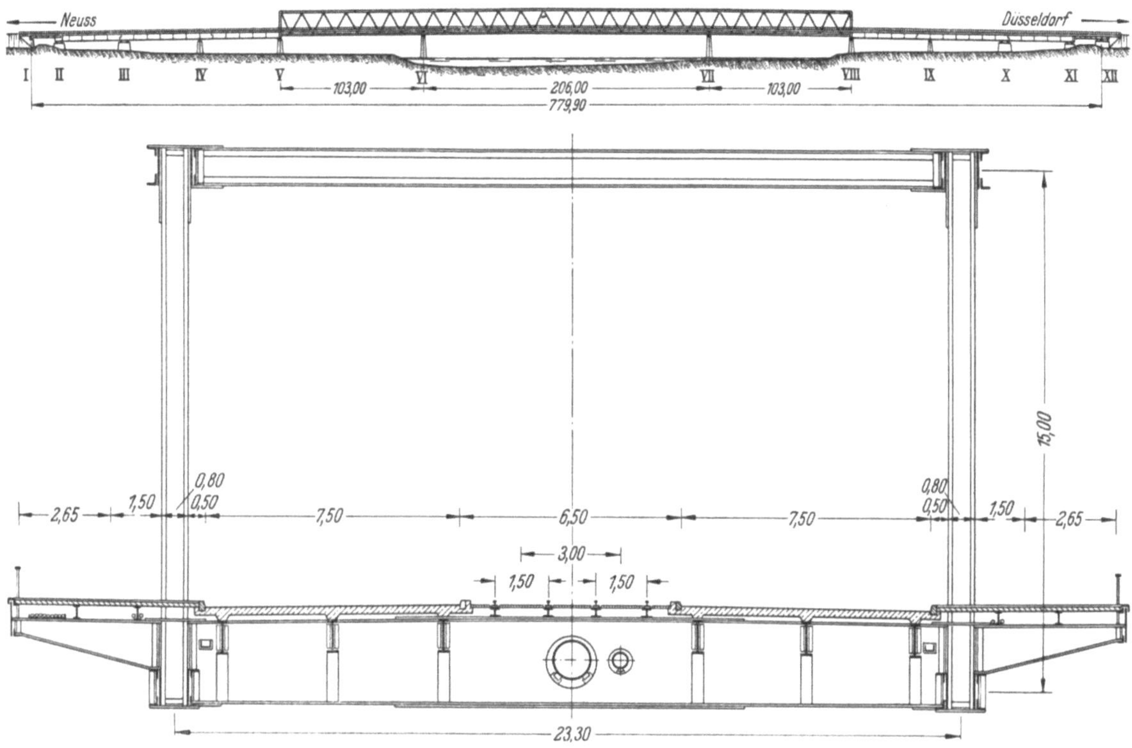

Abb. 20. Sonderentwurf: Eggers.

Eine Nachrechnung der Stahlgewichte zeigte, daß sie bei allen Sonderentwürfen um 120 bis 1500 t zu niedrig angegeben und erhöht werden mußten, damit ein Vergleich der Entwürfe auf gleicher Grundlage möglich war. Auf Grund des Ergebnisses der Ausschreibung wurde der verwaltungsseitige Entwurf mit den von der Fa. Hein, Lehmann & Co. vorgeschlagenen Änderungen von der Stadtverwaltung zur Ausführung bestimmt und der Wiederaufbau der Strombrücke an die Firmengemeinschaft Hein, Lehmann & Co., Düsseldorf, in Verbindung mit Demag, GHH, J. Gollnow & Sohn, Düsseldorf, Neußer Eisenbau und Eikomag, Düsseldorf, zu den Einheitspreisen ihres Angebotes übertragen.

Die Deckbrücke mit freier Bahn und freier Sicht ist wirtschaftlich und verkehrstechnisch günstig, statisch, konstruktiv und baulich einwandfrei und fügt sich, formschön gestaltet, harmonisch in die weite Stromlandschaft ein.

DIE AUSFÜHRUNG

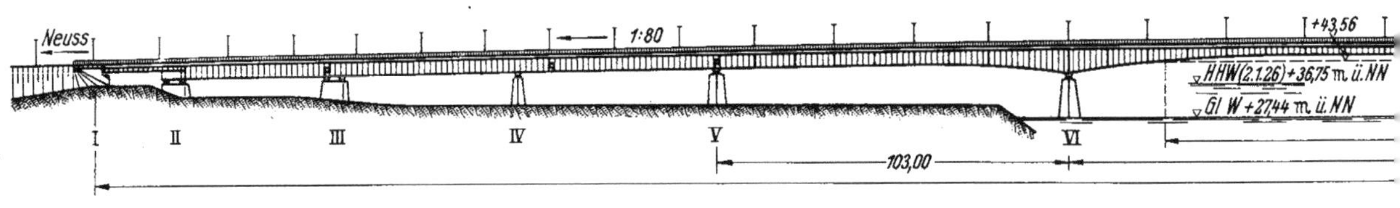

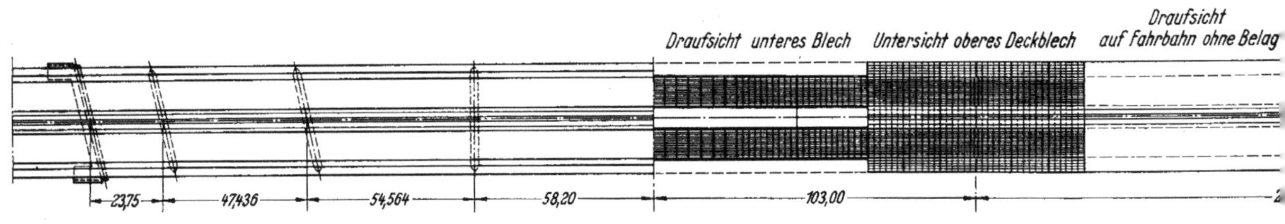

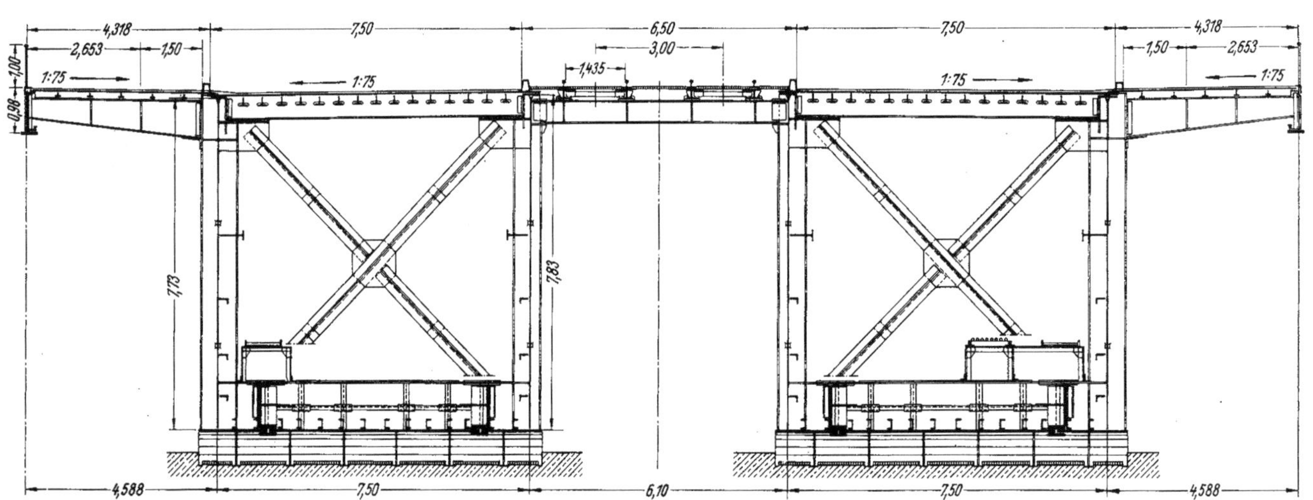

Querschnitt der Strombrücke über den Strompfeilern.

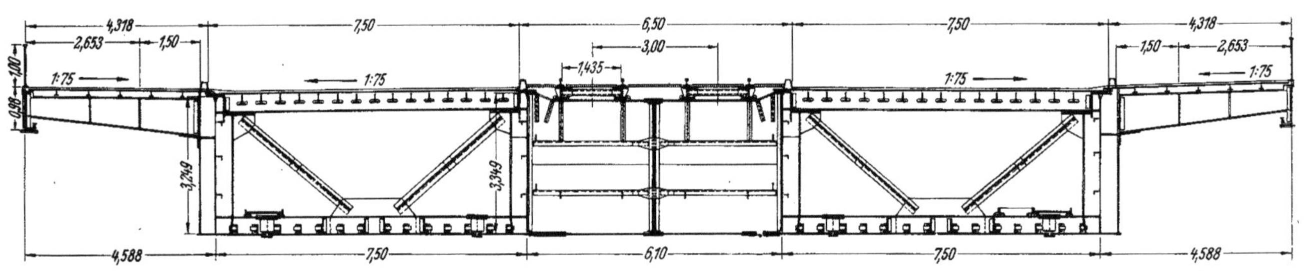

Querschnitt der Strombrücke in Brückenmitte.

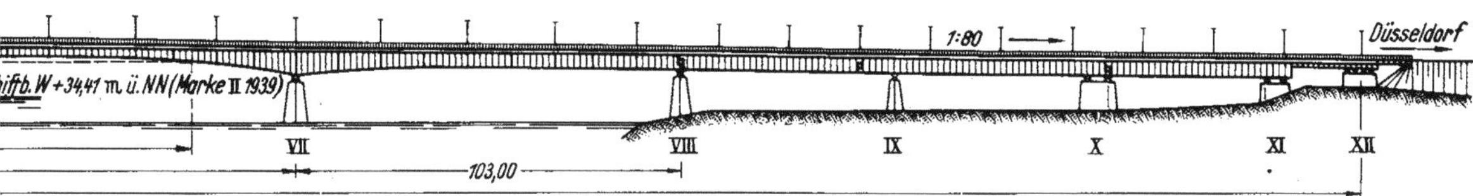

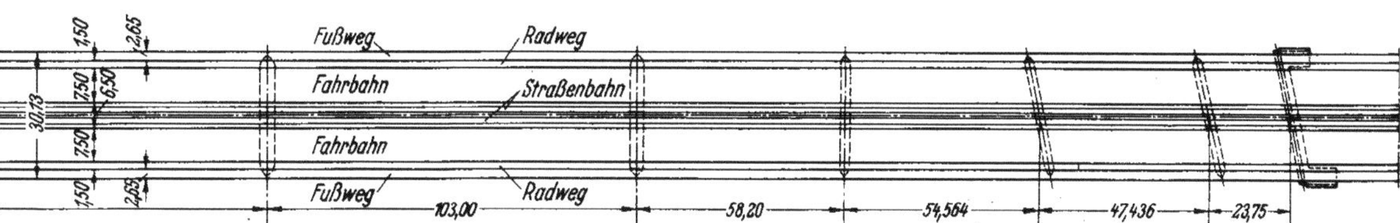

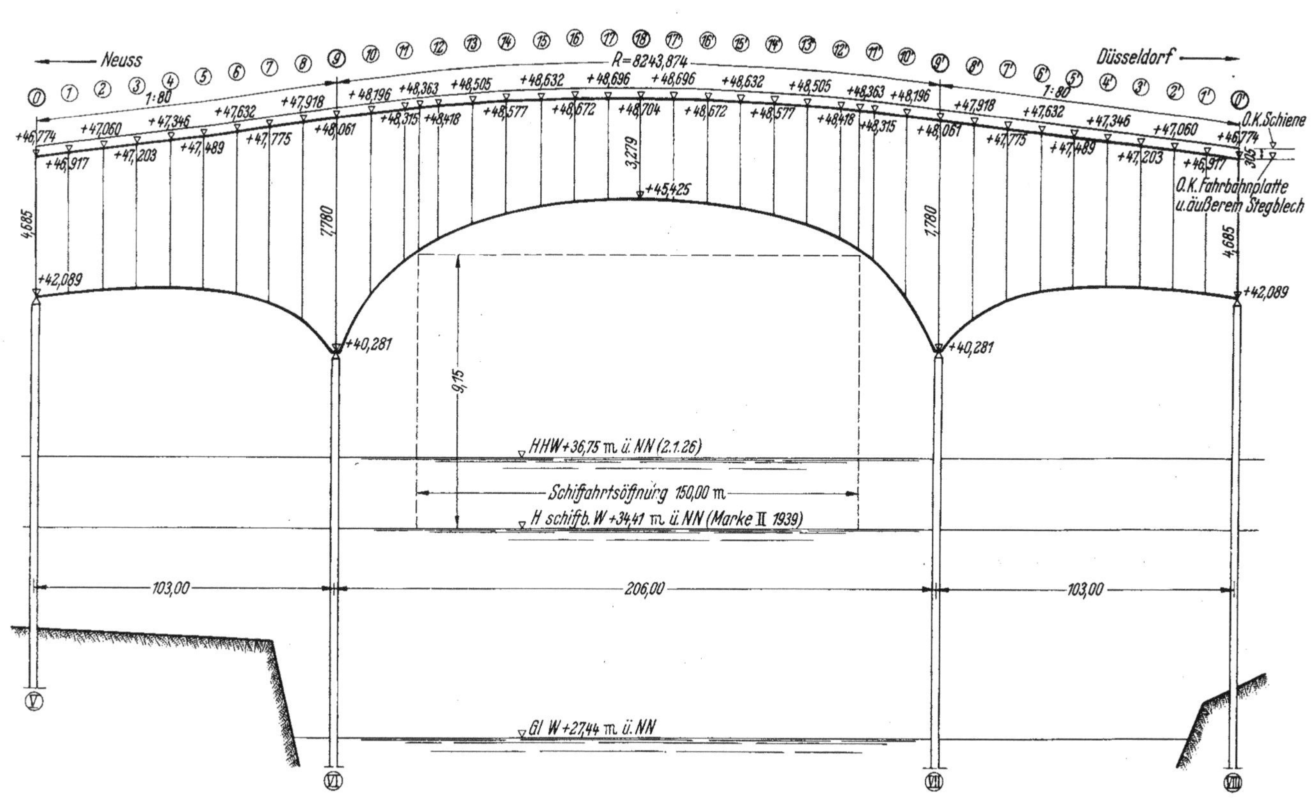

Längenprofil der Strombrücke.

Die neue Strombrücke.

Von

Direktor **E. Harhoff**, Düsseldorf.

Grundlagen des Ausführungsentwurfs.

Die äußere Form der Brücke sowie die beiden unter den Fahrbahnen angeordneten Kästen von je 7,50 m Breite wurden vom Behördenentwurf übernommen. Die zwischen den beiden Kästen angeordneten Torsionsverbände entfielen jedoch bei der Ausführung und wurden durch lastverteilende Querträger ersetzt. Hierdurch enstand als statisches System statt des torsionssteifen Kastentragwerks des Behördenentwurfs ein Trägerrost aus zwei torsionssteifen geschlossenen Querschnitten und sieben Lastverteilungsträgern. Ferner wurde der architektonischen Forderung Rechnung getragen, die neue Brücke möglichst harmonisch in die flache niederrheinische Landschaft einzufügen und den vorhandenen Flutbrücken anzupassen. Damit ergaben sich als Grundlage des Ausführungsentwurfs (Abb. 1):

1. Der geforderte Brückenquerschnitt besitzt zwei je 7,50 m breite Richtungsfahrbahnen und einen dazwischenliegenden offenen Straßenbahnbereich von 6,50 m Breite zur Aufnahme von zwei Straßenbahngleisen. Die außenliegenden Rad- und Gehwege sind 1,50 bzw. 2,65 m breit, womit sich einschließlich der Schrammborde ein Geländerabstand von 30,13 m ergibt.

2. Durch die noch vorhandenen Pfeiler der gesprengten Brücke ergaben sich als Stützweiten für die neu zu erbauende Strombrücke 103—206—103 m.

3. Die Fahrbahngradiente weist in den Seitenöffnungen eine Längsneigung von 1,25 % (1 : 80) auf und folgt dann einem Kreisbogen von 8250 m Durchmesser, der die Mittelöffnung überspannt.

4. Die durch die ellipsenförmig geschwungenen Untergurte sich ergebende wechselnde Stegblechhöhe beträgt 4,80 m an den Enden der Brücke, in Anpassung an die vorhandenen Flutbrücken, 7,80 m über den Strompfeilern und 3,30 m im Scheitel.

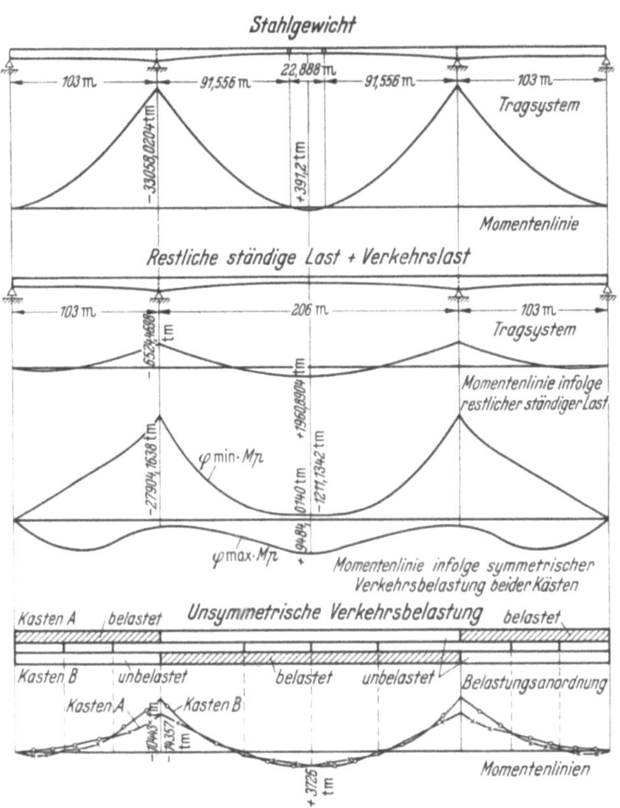

Abb. 2. Momentenlinien.

5. Die Belange der Schiffahrt erforderten eine Durchfahrtsöffnung von 150 m Breite und 9,15 m Höhe über dem höchsten schiffbaren Wasserstand und deren Freihalten auch während der Montage.

Die letzte Forderung bestimmte — neben wirtschaftlichen Erwägungen — auch die Art des Montagevorgangs: Die Brücke wurde von beiden Seiten zunächst auf je drei Hilfsjochen in Abständen von 22,90 m und dann im Freivorbau montiert, während das Scheitelstück von etwa 20 m Länge eingeschwommen wurde.

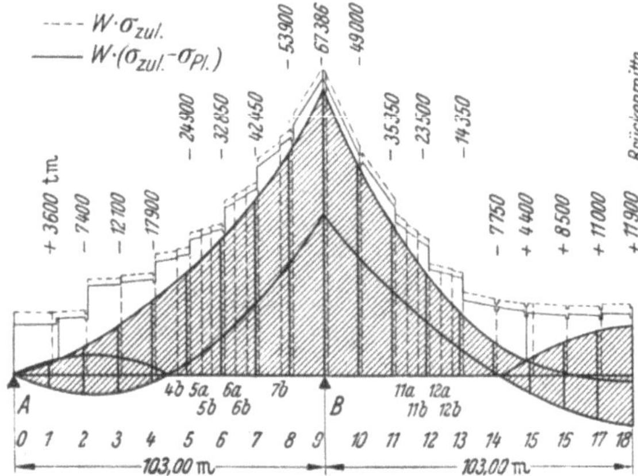

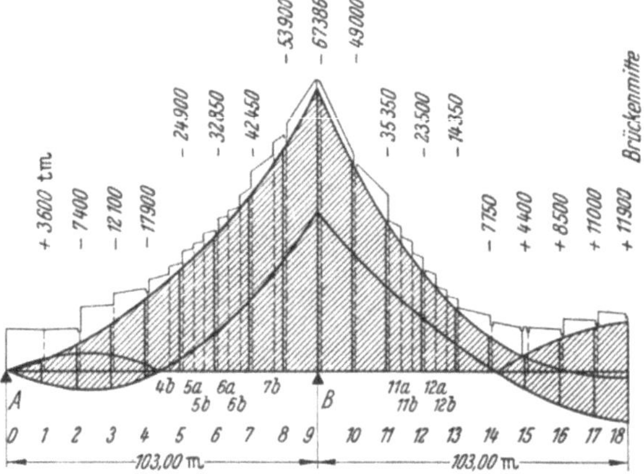

Abb. 3. Momentendeckungslinien für die obere Platte.   Abb. 4. Momentendeckungslinien für die untere Platte.

Das vor dem Schließen der Brücke aufgebrachte Stahlgewicht belastet infolgedessen einen Gerberträger mit zwei Gelenken in der Nähe des Brückenscheitels, wodurch große Stützenmomente verursacht werden, während das Feldmoment in der Mittelöffnung annähernd null ist. Die Verteilung des Stahlgewichts in Brückenlängsrichtung ist natürlich sehr unterschiedlich und schwankt je Querschnittshälfte zwischen 5,5 t/m im Scheitel und 11,3 t/m über den Strompfeilern. Die restliche ständige Last von 1,60 t/m je Brückenhälfte, bestehend aus den Brückengeländern, Schrammborden, Besichtigungsstegen, Straßenbahnrosten, dem Kabelkanal mit den Postkabeln und dem Walzasphalt auf den Fahrbahnen und Gehwegen, und die gesamte Verkehrsbelastung wirken dagegen auf den Durchlaufträger über vier Stützen (Abb. 2—4).

Die Verkehrsbelastung entspricht der DIN 1072 in der Fassung vom April 1941, Brückenklasse I A, wobei für jede Richtungsfahrbahn neben dem Menschengedränge eine Spitzenlast von einem 40 - t - Raupenfahrzeug und zwei 24 - t - Lastkraftwagen angenommen wurde. Daneben wurden auch die Einflüsse von in 24 m Abstand fahrenden 70-t-Panzern und 40-t-Rollenböcken in den von der englischen Besatzungsmacht angegebenen Abmessungen berücksichtigt. Die Belastung des Straßenbahnbereichs beträgt 1,58 t/m Gleis, was einer Vollbelastung mit Stadtwagenzügen der Rheinischen Bahngesellschaft, bestehend aus je einem Triebwagen und zwei Anhängern, entspricht.

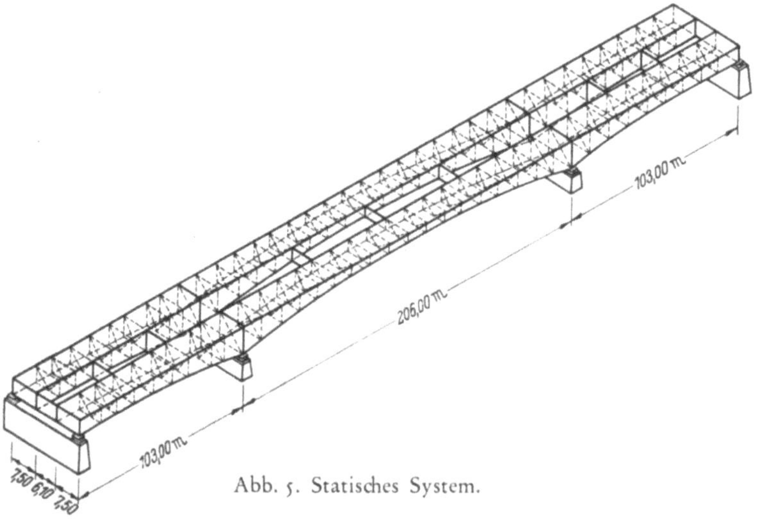

Abb. 5. Statisches System.

Als Zusatzkräfte wurden die horizontalen Windlasten von 150 kg/m² auf die belastete bzw. 250 kg/m² auf die unbelastete Brücke, Temperaturschwankungen von $\pm 35°$ C sowie eine ungleichmäßige Erwärmung der Obergurte um $+ 15°$ C in Rechnung gestellt.

Statische und konstruktive Gedanken.

Das Haupttragwerk der Brücke bilden die beiden unter den Fahrbahnen angeordneten Kästen von je 7,50 m Breite und zwei 3,11 m breite Streifen der Gehwegplatten. Auf eine Berücksichtigung der Reststreifen der Gehwegplatten und der Randträger wurde verzichtet.

38

Theoretische Untersuchungen über die mittragenden Breiten der oberen und unteren Platten der Kästen und der Gehwegplatten ergaben, daß diese in ihrer ganzen Breite in Rechnung gestellt werden können. Um aber einen durch die elastischen Anschlüsse der Gehwegplatten verursachten Spannungsabfall von den Hauptträgerstegblechen zu den Randträgern zu berücksichtigen, wurde

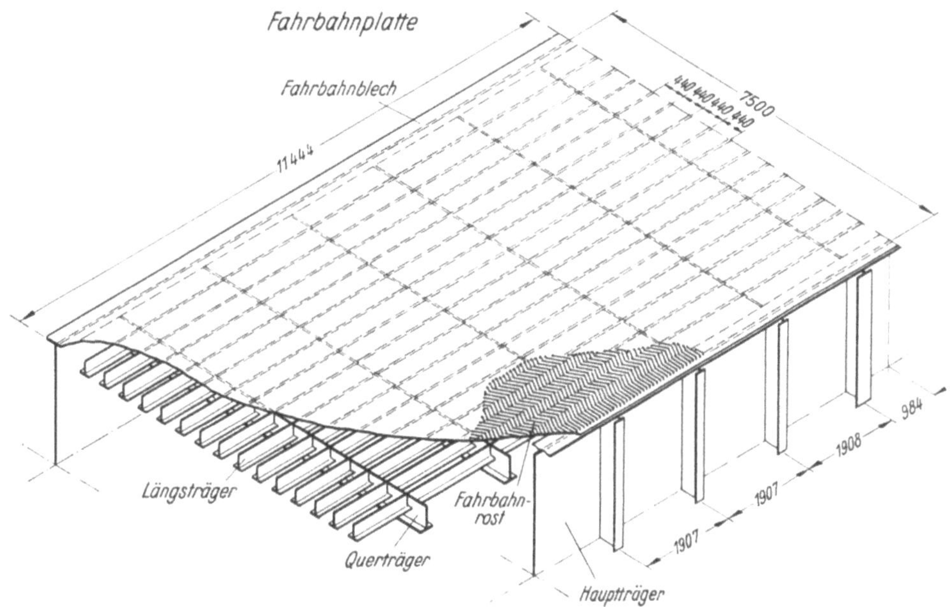

Abb. 6. Ausbildung der Fahrbahnplatte.

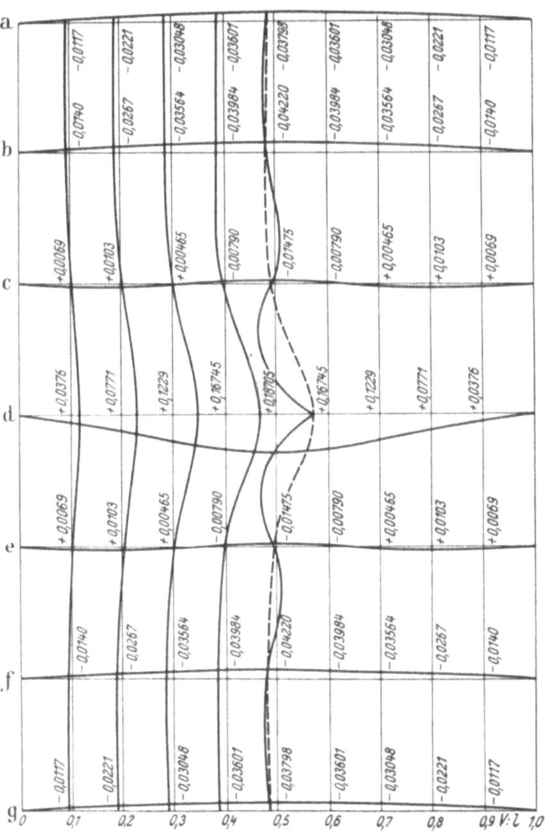

Abb. 7. Einflußfläche der Trägerrostplatte.

mit nur 3,11 m breiten Gehwegplatten gerechnet. Zwei weitere Probleme, die sich aus dem Mittragen der Gehwegplatten ergaben, nämlich die Verlagerung des Schubmittelpunktes und die Drehung der Hauptachsen, wurden für die ungünstigsten Querschnitte untersucht, jedoch erwies sich ihr Einfluß auf die Hauptspannungen als vernachlässigbar gering.

Zur Aussteifung des Haupttragwerks in der Querrichtung dienen leichte Fachwerkverbände im Innern der Kästen, die in Abständen von 11,45 m angeordnet wurden, und sieben starre Vollwandquerscheiben zwischen den Kästen. Erstere bewirken ein gleichmäßiges Tragen des gesamten Kastenquerschnitts, indem sie außermittige Verkehrsbelastungen eines Stegblechs in symmetrische Biegebelastungen des gesamten Kastens und Torsionsbelastungen umwandeln. Die Vollwandquerscheiben verbinden die beiden Kästen zu einem Trägerrost mit zwei torsionssteifen Hauptträgern und lastverteilenden Querträgern. Sie beschränken die verschiedenen Durchbiegungen der beiden Kästen bei starker Verkehrsbelastung einer Fahrbahn, ermöglichen hierdurch ein sicheres Fahren der Straßenbahnen und bewirken eine Verteilung der horizontalen Windkräfte auf den gesamten Brückenquerschnitt (Abb. 5).

39

Die einzelnen Konstruktionsteile wurden in den Werkstätten zu so großen Einheiten zusammengeschweißt, wie es der Transport zur Baustelle auf Sonderfahrzeugen und die Tragfähigkeit der eingesetzten Montagegeräte gestattete. Neben wirtschaftlichen Vorteilen wurde dadurch eine weitgehende Verkürzung der Montagezeit und somit der gesamten Bauzeit erreicht. Um den Montagefortschritt von der Witterung unabhängig zu machen — die Montage fand zu einem großen Teil während der Wintermonate statt — und die Verformungen der Konstruktionen durch Schweißen auf der Baustelle zu vermeiden, wurden die Baustellenstöße und Anschlüsse genietet.

Die Fahrbahnen der Brücke bildet eine 28 mm dicke Asphaltschicht, die auf die oberen Platten der Kästen aufgebracht wurde und durch gleich hohe, mit den Platten verschweißte zickzackförmige Flacheisenroste gehalten wird. Die Fahrbahnbleche in Dicken von 14 bis 28 mm wurden in der Werkstatt zu 11,45 m langen und 8 m breiten Platten zusammengefügt und durch

untergeschweißte Längs- und Querträger ausgesteift (Abb. 6). In den oberen Platten der Kästen treten infolge der Beanspruchungen der Bleche als Fahrbahnplatten, Obergurte der Längs- und Querträger und als Obergurte der Hauptträger verschiedene, sich überlagernde, mehrachsige Spannungszustände auf.

Eine Einzellast zwischen den 44 cm voneinander entfernten Längs- und den in Abständen von 191 cm angeordneten Querträgern wird durch das als Plattenstreifen wirkende Blech auf diese übertragen. Die elastischen Längs- und Querträger bilden einen Trägerrost mit vielen Lastverteilungsträgern (Abb. 7) und leiten die Fahrbahnlasten zu den Hauptträgerstegblechen. Bei der Berechnung des Trägerrostes wurden die geringen Torsionssteifigkeiten der Längs- und Querträger vernachlässigt. Die Hauptträgerwirkung ruft in den Blechen und Längsträgern Normalspannungen in Längsrichtung der Brücke und geringe Schubspannungen hervor.

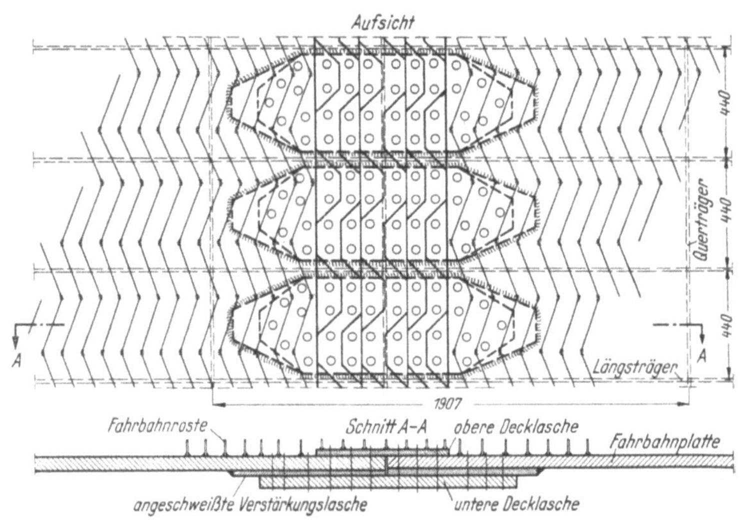

Abb. 8. Fahrbahnplattenstoß.

Die Überlagerung dieser Spannungen erfolgt nach der Theorie der Gestaltänderungsarbeit, wobei als zulässige Vergleichsspannung bei ungünstigster Laststellung $3{,}0$ t/cm² festgesetzt wurde. Da die Bleche aus St 50 m. e. S. mit einer garantierten Fließgrenze von $3{,}6$ t/cm² bestehen, bedeutet dies einen Sicherheitsfaktor von $1{,}20$ gegen Fließen. Wichtig für die Festsetzung dieses Sicherheitsgrades war die zu erwartende Häufigkeit der ungünstigsten Belastungsfälle. Da an der maximalen Gesamtspannung die Plattenwirkung mit etwa 30%, die Trägerrostwirkung mit etwa 10% und die nur selten auftretende ungünstigste Hauptträgerspannung mit rd. 60% beteiligt sind, wird die bei normalem Verkehr auftretende Vergleichsspannung viel geringer sein.

Die große Bedeutung der Spannungen infolge Hauptträgerwirkung, die größtenteils Zugspannungen sind, wurde auch bei der Konstruktion der oberen Platten berücksichtigt. Die aus halben I-Profilen bestehenden Längsträger wurden nicht, wie dies sonst üblich ist, an jedem Querträger unterbrochen, sondern ungestoßen durch die an diesen Stellen mit Durchbrüchen versehenen Querträgerstegbleche hindurchgeführt. An den Querstößen wurden die Fahrbahnplatten durch untergeschweißte Bleche verstärkt und die rautenförmigen Querstoßlaschen durch einzelne Niete vorgebunden. Hierdurch gelang es, die Nietschwächung, die bei der gebräuchlichen Ausbildung dieser Ströße etwa 30% betragen hätte, auf rd. 5% zu beschränken (Abb. 8).

Während die oberen und im gleichen Maße auch die unteren Platten der Kästen durchweg aus stärkeren Blechen bestehen, weil hier in den Gurten der Hauptträger die statische Wirkung des Werkstoffes am größten ist, sind die Seitenwände möglichst dünn gehalten. Stegbleche von

5 m Höhe und 12 mm Dicke, die über den Strompfeilern bei 7,8 m Höhe auf 16 mm anwachsen, dürften wohl das Extremum des aus statischen und konstruktiven Gründen Vertretbaren darstellen. Sie wurden ermöglicht durch eine genaue Untersuchung der Stabilität dieser schlanken Blechwände und durch den Wechsel der Stegblechhöhe, die vor allem im Bereich der Strompfeiler dem Momentenverlauf entspricht, wodurch ein Teil der hier auftretenden großen Querkräfte durch die unteren Platten aufgenommen wird.

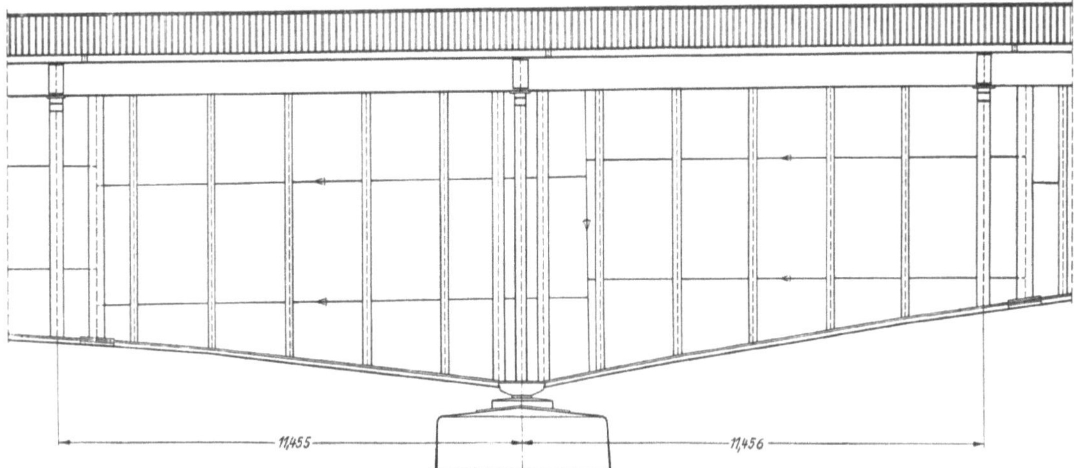

Abb. 9. Außenansicht des äußeren Stegblechs über den Strompfeilern.

An den Außenseiten der Stegbleche sind in Abständen von 1,91 m senkrechte Querstreifen angeordnet, die diese in schmale, hohe Felder unterteilen und durch die Betonung der Senkrechten eine Aüflockerung des langen schmalen Bandes der Brücke ergeben (Abb. 9). Jede sechste Quersteife ist verstärkt und in Verbindung mit einer an dieser Stelle an der Innenseite der Kästen angeordneten Quersteife so bemessen, daß sie das Einspannmoment aus der hier angeschlossenen

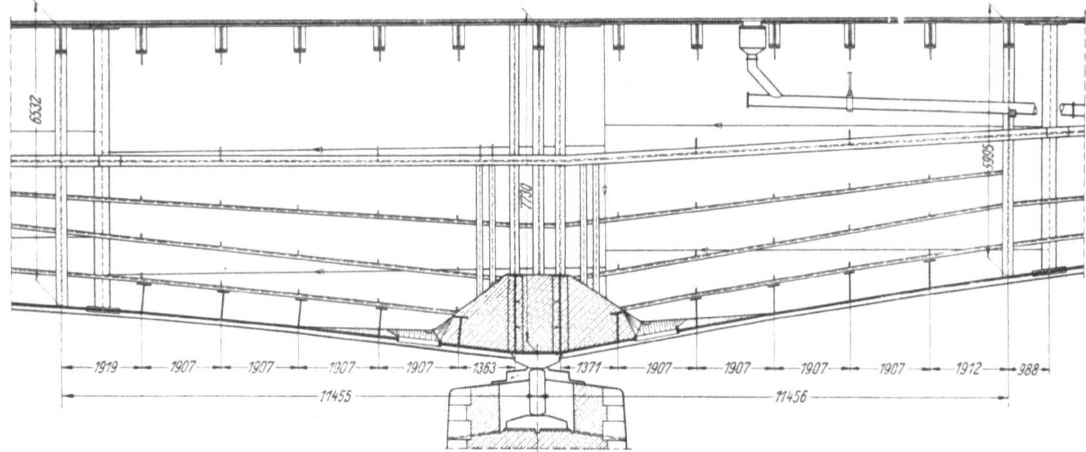

Abb. 10. Innenansicht des äußeren Stegblechs über den Strompfeilern.

Gehwegkonsole aufnehmen kann. Gleichzeitig ist sie Gurt des im Kasten liegenden Querverbandes und wirkt bei Ausbeulen einer zwischen zwei verstärkten Quersteifen liegenden Stegblechwand von 11,45 m Länge als Druckvertikale eines Fachwerks, dessen Zugdiagonale die Schrägstreifen des ausgebeulten Bleches bilden. Da auch die Halsnähte zwischen Stegblech und Ober- bzw. Untergurt für diese Fachwerkwirkung bemessen wurden, sind selbst bei Ausbeulen einer Stegblechwand die Tragreserven der Brücke noch nicht erschöpft. Die Längsaussteifungen der Stegbleche sind auf den Innenseiten der Kästen den statischen Erfordernissen entsprechend angeordnet. Sie konnten schwach gehalten werden, da sie sich auf die Quersteifen abstützen; lediglich in der

Nähe der Strompfeiler halbiert eine starke, zwischen den Hauptquersteifen gespannte Längssteife die freie Länge der Zwischenquersteifen zwischen Ober- und Untergurt (Abb. 10).

Die Stegbleche wurden in der Werkstatt zu 22,90 m langen und bis zu 7,80 m hohen Platten zusammengefügt. Mit schmalen Obergurten zur Auflagerung der oberen Platten und 1,50 m breiten Randstreifen der unteren Platten verschweißt, sind sie die größten zu montierenden Konstruktionsteile der Brücke; ihr schwerstes Stück wiegt 52 t.

Demgegenüber sind die in der Werkstatt hergestellten unteren Platten der Kästen mit 5,05 m Breite und 11,45 m Länge fast klein und leicht zu nennen. Sie sind bis zu 38 mm dick und ähnlich den oberen Platten durch Längs- und Quersteifen ausgesteift, die in Abständen von 0,50 m bzw. 1,91 m angeordnet wurden und gleichzeitig zur Aufnahme der durch den gekrümmten Verlauf der Untergurtplatten hervorgerufenen Abtriebskräfte dienen. Vor allem neben den Strompfeilern, wo der Krümmungsradius nur 175 m beträgt, mußten die Quersteifen stark bemessen werden, um zu vermeiden, daß die Mittelstreifen der Platten sich der Spannungsaufnahme entziehen.

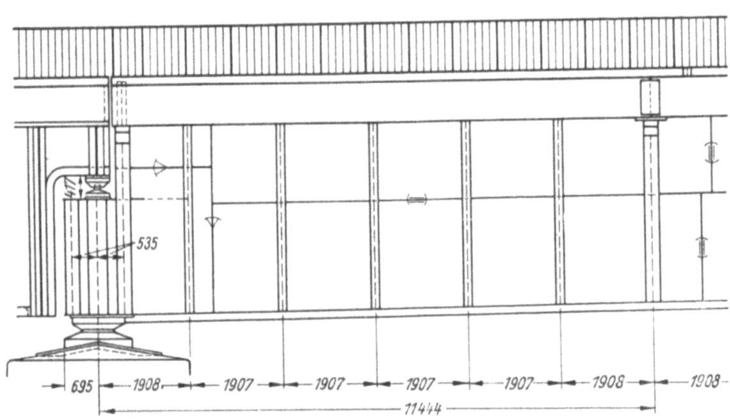

Abb. 11. Außenansicht des äußeren Stegblechs im Endfeld.

Die ebenfalls zum Haupttragwerk gehörenden 10 mm dicken Geh- und Radwegplatten liegen in gleicher Höhe mit den Fahrbahnplatten der Kästen und werden durch einen Rost von untergeschweißten Längs- und Querträgern unterstützt. Sie sind mit einer 26 mm starken Asphalt-

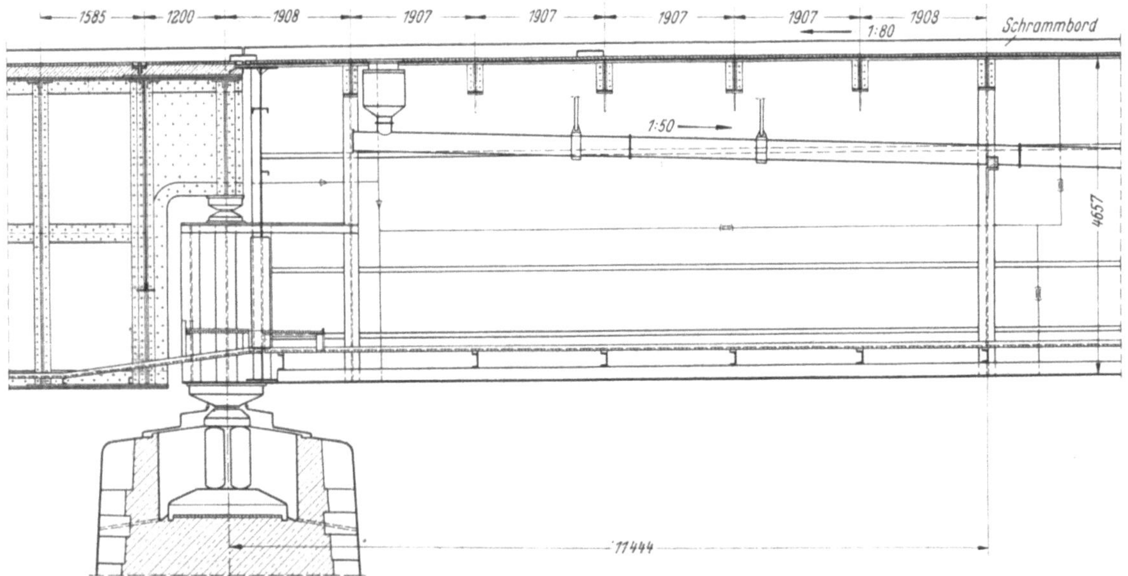

Abb. 12. Innenansicht des äußeren Stegblechs im Endfeld.

schicht abgedeckt, die auf den Geh- und Radwegen in verschiedenen Farbtönungen ausgeführt wird. In Abständen von 11,45 m angeordnete Gehwegkonsolen tragen die Gehwegrandträger, an denen das 1 m hohe, aus Holmen und Pfosten bestehende Geländer angeschlossen ist.

Die Schienen der Straßenbahn wurden mit Unterlagsplatten direkt auf den Längsträgern befestigt, die auf den jeweils 3,82 m voneinander entfernten Querträgern längsbeweglich gelagert sind. An den Enden der Brücke und über den Strompfeilern angeordnete Dehnungsfugen in den

Längsträgern und Schienen bewirken zusammen mit der längsbeweglichen Lagerung auf den Querträgern, daß diese Konstruktionsteile sich nicht an der Aufnahme der Hauptträgerspannungen beteiligen und keine unzulässigen Nebenspannungen erhalten. Der gesamte Straßenbahnbereich ist mit offenen Gitterrosten abgedeckt und genau wie die Rad- und Gehwege durch 18 cm hohe Stahlschrammborde von den Fahrbahnen getrennt. Die 10 m hohen Maste für die Straßenbahnoberleitung und die Beleuchtung der Brücke sind in Abständen von 45,80 m auf Gehwegkonsolen am Übergang zwischen Rad- und Gehweg befestigt.

Durch die gegenseitigen Querneigungen der Fahrbahnen und Gehwege von 1 : 75 entstehen am äußeren Rand der Fahrbahnen flache Kehlen, in denen das Regenwasser zu den in Abständen

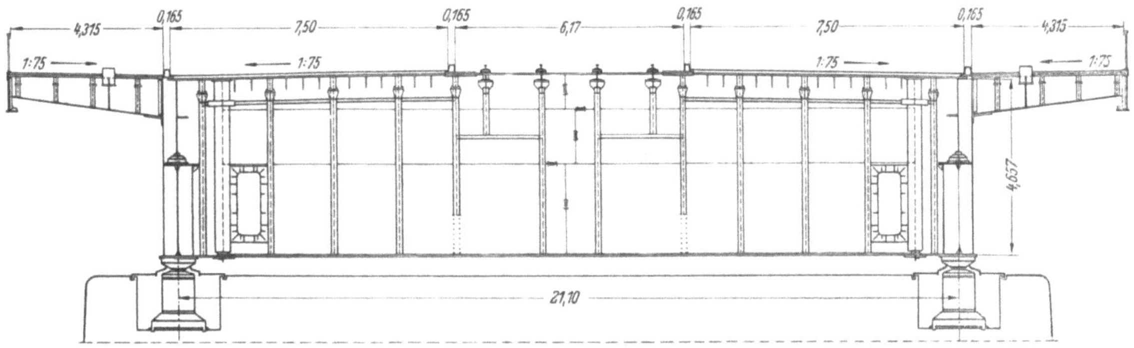

Abb. 13. Ansicht des Endquerträgers.

von etwa 30 m angeordneten Einlaufkästen fließt. Von hier aus wird es in geschlossenen Rohrleitungen im Innern der Kästen zu acht Sammelbehältern geleitet und durch die unteren Platten in den Rhein abgeführt.

Im unterstromseitigen Kasten liegt auf den Obergurten der Quersteifen der unteren Platte ein Kabelkanal für Postkabel aus waagerecht gespannten Drahtmatten.

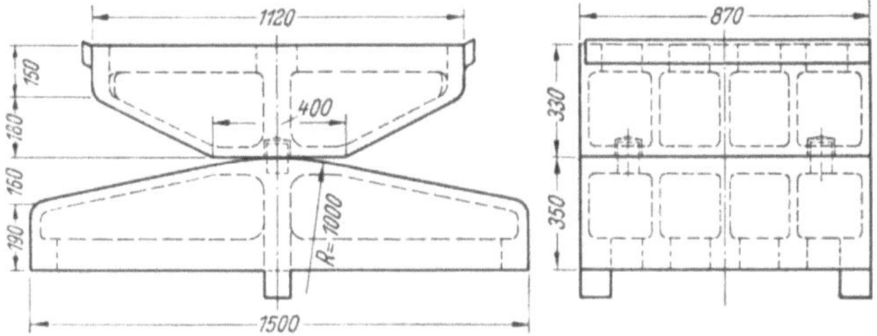

Abb. 14. Festes Strompfeilerlager.

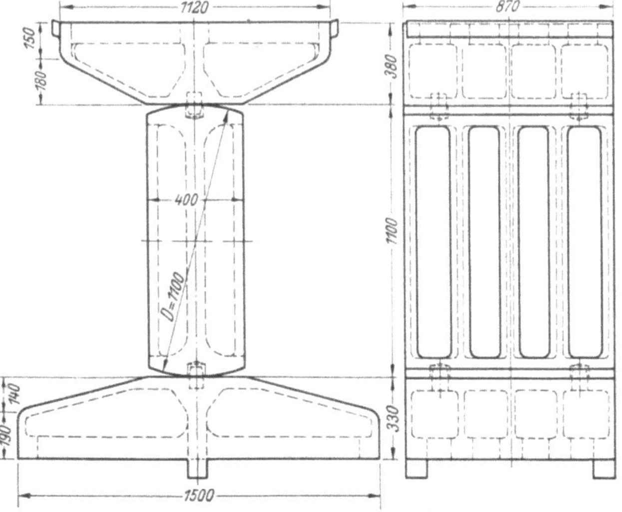

Abb. 15. Bewegliches Strompfeilerlager.

Zur Besichtigung, Unterhaltung und zum Anstrich der Brücke dienen zwei auf den Ober- und Untergurten der Randträger laufende Besichtigungswagen, von denen aus man zu den Unterseiten der Gehwegplatten und den Außenflächen der äußeren Stegbleche gelangen kann. In den Rändern der unteren Platten sind in Abständen von etwa 65 cm Löcher angeordnet, die zur Aufhängung einer Anstreicherrüstung unter den unteren Platten dienen. In den beiden Kästen liegen durchlaufende, mit Lichtgitterrosten abgedeckte Besichtigungsstege.

An ihren Enden ist die Strombrücke durch je zwei Lager unter den äußeren Stegblechen unterstützt. Die Auflagerkräfte der inneren Stegbleche werden durch steife Endquerträger und zu einem nicht unbeträchtlichen Teil durch die Torsionssteifigkeit der Kästen zu den Lagern geleitet. Diese Anordnung wurde gewählt, weil die Flutbrücken, die als Gegengewicht für die negativen Auflagerkräfte der Strombrücke infolge Verkehrslasten benötigt wurden, nur zwei, in Verlängerung der äußeren Stegbleche der Strombrücke liegende Hauptträger haben (Abb. 11 bis 13).

Auf den beiden Strompfeilern sind die beiden Kästen der Strombrücke in ihrer ganzen Breite durch Lager unterstützt. Die Auflagerkräfte ergeben sich hier aus den Querkräften in den Stegblechen, die nur in die Lager unter den Stegblechen eingeleitet werden, und aus den Querkräften in den unteren Platten, d. h. aus den senkrechten Komponenten der Untergurtkräfte, die alle Lagerkörper gleichmäßig belasten.

Sämtliche Lager sind Stahlgußhohlkörper, die als Biegeträger gerechnet und entsprechend den in ihnen auftretenden Querkräften mit Rippen ausgesteift wurden (Abb. 14 und 15). Die Ober- und Unterteile sind mit Beton ausgegossen, der jedoch nur bei der Ermittlung der Pressungen in den Zementfugen mitgerechnet wurde. Die Stelzen und Unterteile der beweglichen Lager — die festen Lager liegen auf dem Strompfeiler der Düsseldorfer Seite — erhielten eine Verkleidung aus dünnen Blechen und sind so weit in die Pfeilerköpfe eingelassen, daß alle Lager äußerlich die gleiche Form haben.

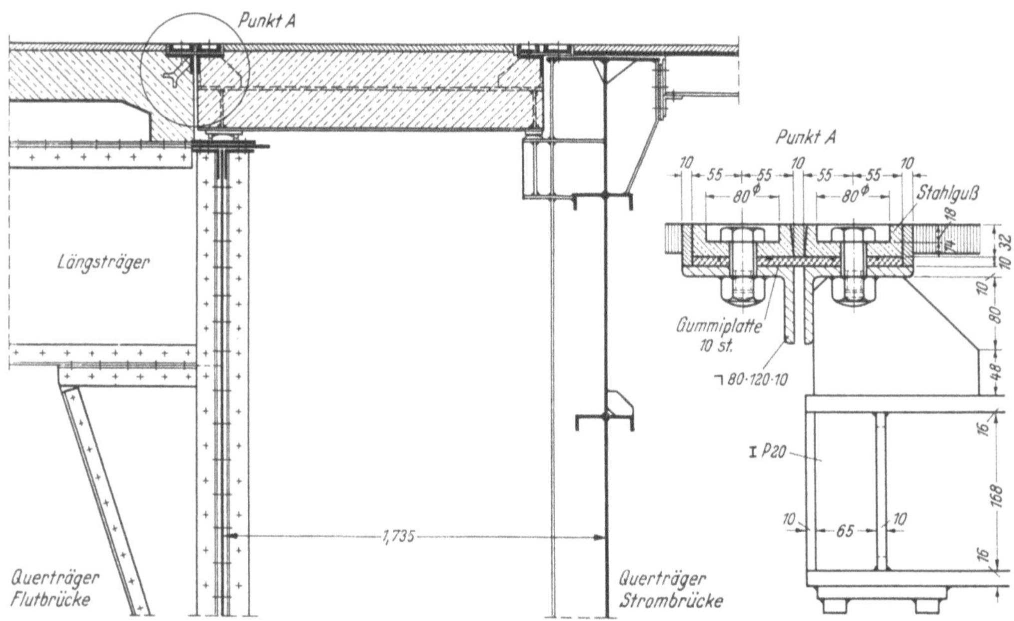

Abb. 16. Fahrbahnübergang.

Die Übergangskonstruktionen zwischen der Strombrücke und den anschließenden Flutbrücken bestehen aus Schleppträgern zwischen den Endquerträgern, auf denen im Bereich der Fahrbahnen und Gehwege Stahlbetonplatten liegen. Da die Dehnungsfugen an den Gelenken zwischen den anschließenden Flutbrücken angeordnet wurden, sind an den Enden der Strombrücke nur geringe Längsverschiebungen aus den Durchbiegungen infolge Verkehr und ungleichmäßiger Erwärmung der Obergurte zu erwarten, die durch dehnbare Hartgummistreifen nach dem „System Leonhardt" aufgenommen werden (Abb. 16).

Die elastischen Verformungen der Brücke sind infolge der großen Stützweiten und der geringen Stegblechhöhen groß und mußten genau verfolgt werden. Die Durchbiegung in der Mittelöffnung infolge Eigengewicht, die durch eine entsprechende Werkstattüberhöhung ausgeglichen wurde, betrug etwa 1,50 m. Bei voller Verkehrsbelastung der Mittelöffnung und leeren Seitenöffnungen würde sich der Brückenscheitel um 90 cm, d. i. $1/_{230}$ der Stützweite, senken. Diese Durchbiegungen sowie die Temperaturänderungen haben natürlich auch größere Längsverschiebungen der beweglichen Lager, Bewegungen in den Dehnungsfugen bis zu etwa 35 cm und Verschiebungen der Straßenbahnlängsträger gegenüber den Hauptträgern zur Folge. Die größte Querneigung der Brücke, die bei schachbrettartiger Verkehrsbelastung — d. h. eine Querschnittshälfte wird in der Mittelöffnung, die andere in den Seitenöffnungen belastet — auftritt, beträgt 0,4 %.

Der Werkstoff.

Das Gesamtgewicht der Strombrücke beträgt 6335 t und besteht aus 4990 t hochwertigem Baustahl, 1230 t St 37 und 115 t Stahlguß.

Der moderne Großbrückenbau ist erst möglich geworden, nachdem es unseren Hüttenwerken gelang, einen Baustahl herzustellen, der gegenüber dem normalen Baustahl eine um 50 % höhere Festigkeit besitzt. Diese Entwicklung wurde schon bald nach dem ersten Weltkrieg eingeleitet. In gemeinsamer Arbeit der deutschen Stahlwerke, des Deutschen Stahlbauverbandes und der Deutschen Reichsbahn wurde nach langen Forschungen und Versuchen der deutsche hochwertige Baustahl St 52 geschaffen, der durch Zusätze von Silizium, Mangan, Chrom, Kupfer oder Molybdän seine hervorragenden Festigkeitseigenschaften erhält.

Die großen Fortschritte, die inzwischen die Schweißtechnik auf allen Gebieten des Stahlbaus erzielt hat, ermöglichen es, Werkstoffe und Schweißverfahren so aufeinander abzustimmen, daß die beiderseitigen Vorzüge ein wirtschaftliches Optimum ergeben.

Da aber der St 52 bezüglich seiner Schweißbarkeit empfindlicher als der St 37 ist, lag es nahe, nach einem neuen Baustahl zu suchen, der die guten Festigkeitseigenschaften des St 52 mit einer besseren Schweißbarkeit verbindet. Dieses Ziel kann man einerseits durch Änderung des Herstellungsverfahrens und andererseits durch eine andere Wahl der Legierungselemente erreichen.

Aus diesem Bestreben wurde bei der Rheinische Röhrenwerke Aktiengesellschaft in Mülheim ein hochwertiger Baustahl geschaffen, der bei den Festigkeitseigenschaften des St 52 eine im Verhältnis zur Zugfestigkeit sehr hohe Streckgrenze besitzt und gleichzeitig sehr wenig schweißempfindlich ist. Diese ausgezeichneten Eigenschaften wurden mit einem geringen Aufwand an Legierungsmetallen erzielt, deren sparsame Verwendung in Deutschland wohl noch für längere Zeit geboten erscheint.

Im Jahre 1950 waren die Entwicklungsarbeiten für den neuen Baustahl so weit abgeschlossen, daß von der Deutschen Bundesbahn vorläufige technische Lieferbedingungen für diesen Stahl herausgegeben werden konnten. Danach ist die amtliche Bezeichnung „Baustahl St 50 mit erhöhter Streckgrenze", abgekürzt „St 50 m. e. S.". Die Rheinische Röhrenwerke A.G. bezeichnet ihn mit „H. S. B. 50" (hochwertiger schweißunempfindlicher Baustahl).

Die Analyse des St 50 m. e. S. ergibt einen Gehalt an:

$$0{,}20 \ \%\ C; \quad 0{,}50 \ \%\ Si; \quad 1{,}20 \ \%\ Mn; \quad 0{,}05 \ \%\ S; \quad 0{,}05 \ \%\ P.$$

Die geforderten mechanischen Eigenschaften sind:

	Mindestbruchdehnung in %		Streckgrenze kg/mm²	Zugfestigkeit kg/mm²
	längs	quer		
Bei Dicken bis zu 16 mm	24	21	36	50—60
Bei Dicken von 16—30 mm	23	20	35	50—60
Bei Dicken von 30—50 mm	22	19	34	50—60

Die Eigenschaften des St 50 m. e. S. wurden in einer Reihe von Versuchen geprüft. Dabei ergaben die Festigkeitsuntersuchungen, die später durch die Abnahmenachweise der Deutschen Bundesbahn für das angelieferte Material bestätigt wurden, ein außergewöhnlich günstiges Verhältnis von Zugfestigkeit zur Streckgrenze. Bei einer Zugfestigkeit von 55 kg/mm² im Mittel wurden Streckgrenzen erreicht, die in der Nähe von 40 kg/mm² liegen.

Untersuchungen der Schweißunempfindlichkeit mit Aufschweißbiegeproben ergaben, daß auch bei tiefen Temperaturen Schweiß- und Trennbruchunempfindlichkeit vorhanden sind, sodaß Schweißarbeiten auch im Winter ohne Bedenken durchgeführt werden können.

Die für die Beurteilung der Schweißbarkeit wichtige Sprödbruchempfindlichkeit wurde durch Kerbschlagproben nach Henri M. Schnadt geprüft und Werten gegenübergestellt, die für normalen St 52 und andere Baustähle vorlagen. Auch in diesem Fall wurde ein wesentlich günstigeres Verhalten des St 50 m.e.S. gegenüber diesen Stählen festgestellt (Abb. 17).

Diese Feststellungen werden noch durch Härteprüfungen der Schweißraupen unterstrichen. Während für den normalen St 52 Aufhärtungen von 90 Hv-Einheiten gemessen wurden, betrug en diese beim St 50 m. e. S. nur 44 Hv-Einheiten. Bei Dauerfestigkeitsversuchen zeigte der neue Baustahl gegenüber St 52 ebenfalls ein günstigeres Verhalten.

Während ein schlecht schweißbarer Werkstoff meistens schon in den Heftstellen beim Zusammenbau Risse aufweist oder Porenketten, insbesondere beim Schweißen nach dem Ellira-Verfahren, anzeigen, daß der Stahl ungeeignet ist, sind beim St 50 m.e.S. während der Fertigung solche Mängel nicht aufgetreten. Damit wird eine gleichmäßige Güte der Lieferungen selbst von Blechen größter Abmessungen gewährleistet.

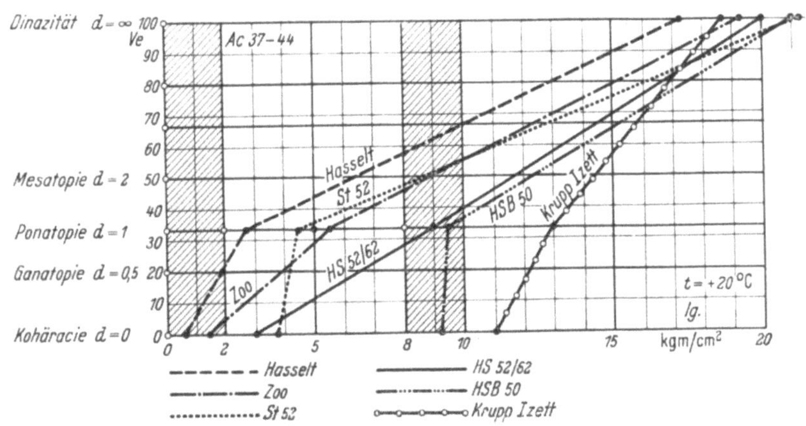

Abb. 17. Venant-Atopie-Kurven nach H. M. SCHNADT.

Als daher zu entscheiden war, mit welchem Baustahl die neue Rheinbrücke Düsseldorf—Neuß erstellt werden sollte, entschloß man sich auf Grund der ausgezeichneten mechanischen Eigenschaften und der guten Schweißbarkeit des St 50 m. e. S., diesem Werkstoff den Vorzug zu geben.

Die Werkstattarbeiten.

Für die Widerstandsfähigkeit eines geschweißten Bauwerks ist neben dem verwendeten Werkstoff das angewandte Herstellungsverfahren von größter Bedeutung. Es war daher notwendig, vor Beginn der Fertigung einen Zusammenbau- und Schweißplan aufzustellen, in dem die Zusammenbau- und Schweißfolge genau festgelegt wurden, um die Schrumpfspannungen im Bauwerk möglichst klein zu halten.

An der Düsseldorfer Brücke arbeiteten sechs Stahlbaufirmen, deren Erfahrungen in der Aufstellung eines für alle verbindlichen Arbeitsplanes ihren Niederschlag fanden. Für die Schweißverfahren nach Ellira und Elin-Hafergut, die in großem Umfang angewandt wurden, mußten die beteiligten Firmen vor der Deutschen Bundesbahn besondere Zulassungsprüfungen ablegen.

Wie im nächsten Abschnitt näher beschrieben wird, erfolgte die Montage der Mittelöffnung und etwa 34 m der Seitenöffnungen im Freivorbau. Im allgemeinen ist dazu eine vollständige Vormontage des Hauptträgers im Werk erforderlich, bei der die Montagelöcher auf volles Maß aufgerieben werden. Die Vormontage des vollständigen, aus Seitenwänden, oberen und unteren Platten bestehenden Hauptträgers war in diesem Fall mit Rücksicht auf die Platzbeschränkung in den Werkstätten nicht möglich. Lediglich die Hauptträgerseitenwände wurden in der Werkstatt zusammengelegt und ihre Stöße nach Einrichten der rechnungsmäßigen Überhöhung auf volles Maß aufgerieben. Das Passen der Verbindung obere Fahrbahnplatte und untere Platte mit den Seitenwänden wurde durch die Verwendung von Bohrschablonen erreicht. Die Hauptträgerwände wurden vor dem Bohren der Montagelöcher vollständig zusammengeschweißt, damit sich die damit verbundenen Schrumpfungen auf die spätere Paßfähigkeit nicht auswirken konnten.

Vor dem eigentlichen Zusammenbau der großen Brückenteile wurden die aus Steg mit Gurt bestehenden Aussteifungen der Seitenwände und die Querträger der Fahrbahnplatten nach Elin-Hafergut geschweißt (Abb. 18). Die Durchdringungen der Längsträger durch die Querträger wurden ausgestoßen bzw. ausgefräst (Abb. 19).

Der Zusammenbau der Hauptträgerseitenwände erfolgte im Taktverfahren auf vier Arbeitsplätzen, die auf den Abbildungen 20—24 dargestellt sind.

Für die Herstellung der Fahrbahnplatten standen drei Arbeitsplätze zur Verfügung, wie die Abb. 25—28 zeigen.

46

Abb. 18. Schweißen von Kehlnähten nach
dem Elin-Hafergut-Verfahren.

47

Abb. 20. Arbeitsplatz 1.
Die Stumpfstöße der Stegbleche und der Gurtungen werden einschließlich der Wurzellage fertig verschweißt. Nach dem Schweißen der Stegbleche werden diese angezeichnet, die obere und untere Stegblechkante mit der Maschine gebrannt und die Brennschnitte leicht abgeschmirgelt.

Abb. 21. Arbeitsplatz 2.
Stegbleche und Gurtplatten werden in einer Vorrichtung zusammengebaut, die äußeren Aussteifungen angeheftet und die obere Seite fertig geschweißt. Dann werden die Träger in einer Kippvorrichtung um 90° gedreht und die unteren Querträgerstücke und Längsaussteifungen des unteren Gurtes aufgeschweißt.

Abb. 22. Arbeitsplatz 3.
Die Seitenwände werden weiter um 90° gedreht und die Kehlnähte auf der Innenseite zwischen Gurt und Stegblech gelegt, die Längsaussteifungen und Querträgeranschlüsse angebaut und verschweißt.

Abb. 23. Arbeitsplatz 3.
Nach Beendigung der Schweißarbeiten werden die Träger gerichtet und der Obergurt mittels einer Schablone gebohrt. Im Untergurt werden einige Stoßlöcher angezeichnet und gebohrt, wobei die Stoßlaschen als Schablone dienen.

Abb. 24. Arbeitsplatz 4.
Hier werden die Träger gestoßen und nach Einrichten der Überhöhung unter Verwendung der Stoßlaschen als Schablone gebohrt. Anschließend erfolgen die letzten Nachrichtarbeiten, das Säubern der Hauptträger, der Anstrich und das Verladen.

Abb. 25. Arbeitsplatz 1.
Die Plattenbleche werden zusammengebaut, beiderseitig nach dem Ellira-Verfahren verschweißt und auf eine Zusammenbauvorrichtung gelegt. Die vorgearbeiteten Querträger werden aufgesetzt und die Längsträger nacheinander durch die Ausschnitte der Querträgerstegbleche gezogen.

Abb. 26. Arbeitsplatz 1.
Die Quer- und Längsträger werden von der Mitte aus beginnend mit dem Fahrbahnblech verschweißt. Dann werden die Platten hochkant gestellt und die Verbindungsnähte zwischen Quer- und Längsträger gezogen.

Abb. 27. Arbeitsplatz 2.
Die Längsträger der Fahrbahnplatten werden gestoßen und aufgerieben.

Abb. 28. Arbeitsplatz 3.
Nach dem Kanten der Fahrbahnplatten werden die Bohrschablonen aufgelegt und die Verbindungslöcher der Seitenwände gebohrt. Anschließend erfolgt das Bohren der Querstöße, das Aufschweißen der Roststäbe für den Fahrbahnbelag und das Richten, Streichen und Verladen der Platten.

Abb. 29. Pfeilerstücke der unteren Platten in der Werkstatt.

Abb. 30. Gehwegplatten mit Randträgern und Konsolen.

Abb. 31. Fahrbahnplatte beim
Verlassen der Werkstatt.

Abb. 32. Transport eines Stegblechstückes auf der Autobahn.

Ähnlich wie für die Hauptträgerwände und Fahrbahnplatten wurde ein Arbeitsplan für die unteren Platten und die Gehwegkonstruktion aufgestellt. Die Abb. 29 und 30 zeigen die Herstellung dieser Konstruktionsteile in der Werkstatt.

Die gründliche Vorbereitung der Fertigung und die Einrichtung von Arbeitsplätzen, auf denen sich die gleichen Arbeiten immer wiederholten, hat sich als sehr zweckmäßig erwiesen. Die Fertigung verlief im großen gesehen vom ersten Stück an reibungslos, wobei die erzielten Genauigkeiten die Festlegung von Toleranzen ermöglichten. Danach soll die Ausbiegung eines Steifenfeldes der Stegbleche nicht mehr als 4 mm betragen. Die senkrechten Steifen durften bei einer Höhe von 4,50 m nur eine Ausbiegung von 3 mm haben. Für einmalige größere Ausbeulungen wurden Spitzenwerte festgelegt, die nicht überschritten werden durften.

Abb. 33. Transport eines Stegblechstückes auf der Königsallee.

Die Arbeiten auf der Baustelle haben gezeigt, daß die rechtzeitig angestellten Überlegungen für die Durchführung der Werkstattarbeiten richtig gewesen sind. Die Einzelglieder des Bauwerks haben so gut zusammengepaßt, daß ein ganzes Brückenfeld von 23 m in sechs Tagen vorgebaut, verschraubt und aufgerieben werden konnte.

Besondere Überlegungen erforderte der Transport der großen Brückenteile, die auf Spezialfahrzeugen zu den Baustellen auf der Düsseldorfer und Neußer Seite gebracht wurden. Die größten Hauptträgerwände waren 23 m lang, 8 m breit und wogen 52 t. Die Fahrbahnplatten, deren größtes Gewicht 45 t betrug, hatten alle eine Größe von 11,50 × 8,00 m. Die Abb. 31—33 zeigen einige Ausschnitte aus diesen interessanten Transporten.

Baustelleneinrichtung, Geräte und Gerüste.

Für das Abladen und den Transport der ungewöhnlich großen und schweren Bauglieder wurden auf der Düsseldorfer Rampe zwei Portalkräne von je 35 t Tragkraft (Abb. 34) und auf der Neußer Seite ein Portalkran von 60 t Tragkraft aufgestellt, die die ganze Rampenbreite überspannten. Sie kippten auch die flach ankommenden Hauptträgerstege über besondere Vorrichtungen in die senkrechte Lage (Abb. 35) und setzten sie auf Transportwagen. Auf der Düsseldorfer Seite bestanden diese Transportwagen aus acht vierräderigen Robelwagen mit daraufliegenden Versteifungsträgern und Abspannungen. Bis zur Einbaustelle wurden die Wagen auf den beiden Straßenbahngleisen mittels elektrischer Winden und Drahtseile vorgezogen (Abb. 36 und 37).

An den Einbaustellen wurden auf der Düsseldorfer und Neußer Seite je ein Vorbaukran errichtet (Abb. 39). Jeder Kran bestand wiederum aus zwei fahrbahren Einzelderricks mit je 55 t

Tragkraft, die an den Köpfen der Drehsäulen durch einen Fachwerkriegel zu einem System verbunden und mit der Brückenkonstruktion fest verankert waren. Auf dem Fachwerkriegel und einer Portalstütze am hinteren Ende des Kranes lag eine Laufbahn für eine 35-t-Katze. Diese Katze und einer der beiden Derrickausleger hoben die Stücke von den Transportwagen und

Abb. 34. Lagerplatz und Portalkrane auf der Düsseldorfer Rampe.

Abb. 35. Aufgerichtete Hauptträgerstücke auf dem Lagerplatz.

brachten sie so weit freischwebend über die Einbaustelle vor, bis der zweite Ausleger sie im Schwerpunkt greifen und einbauen konnte.

In den beiden Seitenöffnungen wurden für den Montagebeginn je drei Hilfsjoche errichtet, die auf der Neußer Seite auf dem Vorflutgelände, auf der Düsseldorfer Seite jedoch bereits im Strom standen (Abb. 38). Die Joche wurden auf gerammten Pfählen aus Holz und Stahlrohren gegründet, mit Ausnahme des Joches 6' auf der Düsseldorfer Seite, für dessen Unterteil Stahl-

Abb. 36. Vorziehen eines Hauptträgerstückes über die Flutbrücken.

Abb. 37. Vorziehen der zwei letzten Hauptträgerstücke zur Einbaustelle.

Abb. 38. Vorbau auf Hilfsjochen in der rechtsrheinischen Seitenöffnung.

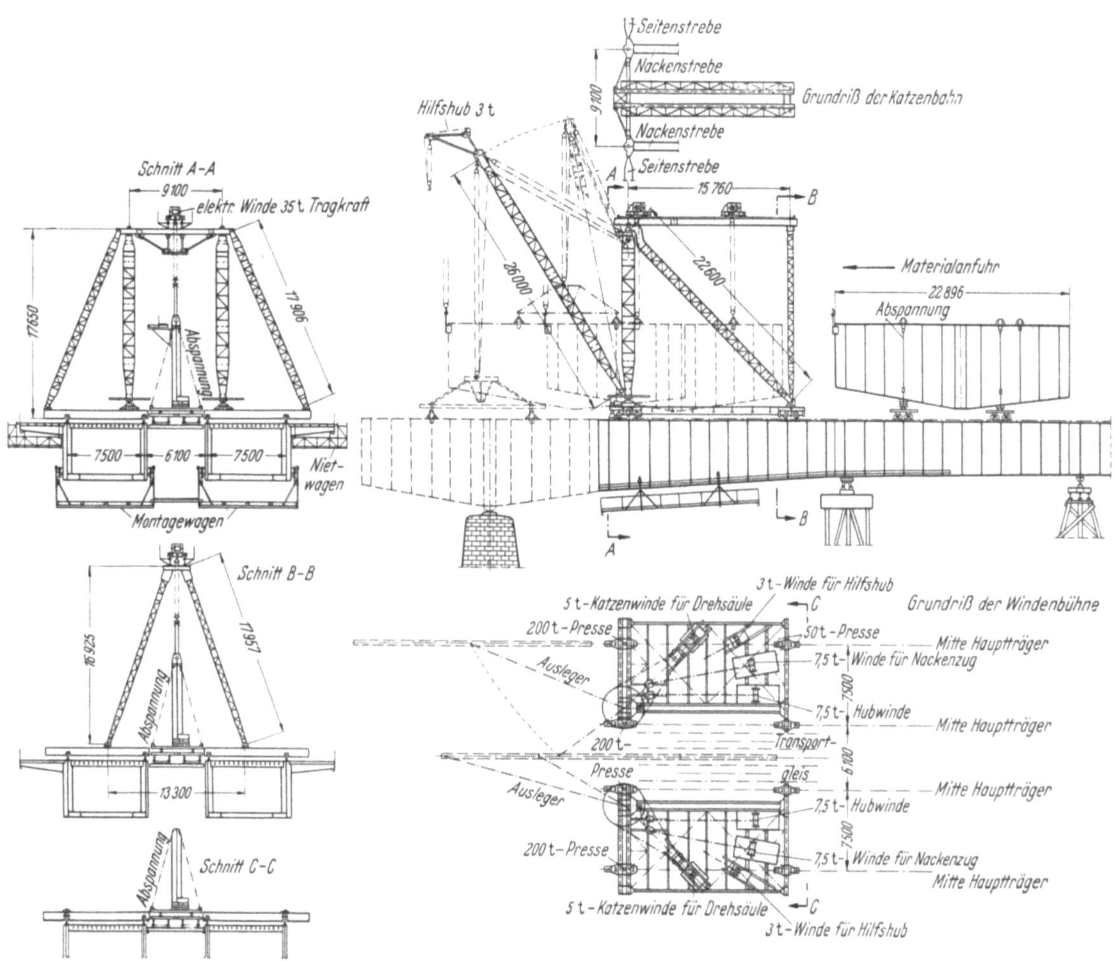

Abb. 39. Vorbaukrane, Übersicht.

Abb. 40. Stahlbetonjoch bei Punkt 6'.

betonrammpfähle der Bauart „Züblin" verwendet wurden, während das Oberteil aus Stahlbeton-
fertigteilen bestand. Das Stahlbetonjoch 6′ dürfte das erste Bauwerk dieser Art im deutschen
Brückenbau gewesen sein und hat sich gut bewährt (Abb. 40).

Die Joche 2 und 4 auf dem Vorflutgelände der Neußer Seite und die Joche 2′ und 4′ auf der
Düsseldorfer Seite wurden durch Eisbrecher geschützt (Abb. 38). Auf einen Eisschutz vor den
Jochen 6 und 6′ wurde verzichtet, da deren Belastung durch die Stahlkonstruktion erst nach
der Frostperiode erfolgte. Auch die erstellten Eisbrecher kamen nicht zur Wirkung, da in dem
milden Winter 1950/51 keine nennenswerten Eistreiben auftraten.

Für die einzuschwimmenden Mittelstücke wurde ein Zusammenbauplatz auf der rechten
Rheinseite etwa 1,3 km stromab der Brücke eingerichtet, der später beschrieben wird.

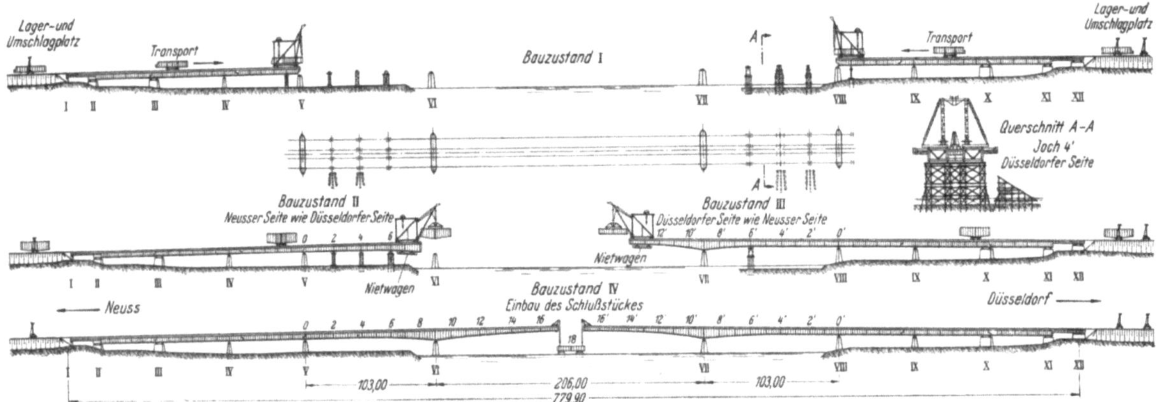

Abb. 41. Montageplan, Übersicht.

Abb. 42. Federmeßvorrichtung.

Montage.

Die Brücke wurde in der Werkstatt geschweißt, die Baustellenstöße genietet. Die Montage,
deren Vorgang in Abb. 41 dargestellt ist, erfolgte von beiden Seiten mit Hilfe von Vorbaukränen.
Die Felder 0—6 bzw. 0′—6′ wurden auf Rüstung montiert, die weiteren bis zu den Punkten 17
bzw. 17′ ohne Behinderung der Schiffahrt im Freivorbau. Die Schlußstücke von 17—17′ wurden
je Kasten am Ufer auf Pontons zusammengebaut, eingeschwommen und an den Kragarmenden 17

56

und 17′ hochgezogen. Das erste Hauptträgerstück wurde am 23. Dezember 1950 auf der Düsseldorfer Seite eingebaut.

Das Auflegen der ersten drei Felder von je 22,9 m Länge auf die Hilfsjoche erfolgte je Kasten in der Reihenfolge äußere Seitenwände, innere Seitenwände, untere Platten, obere Platten. Jedes Feld wurde sofort nach dem Auflegen ausgerichtet, verschraubt und vernietet, bis auf die Querstöße über den Jochen, die nach der Montage der ersten drei Felder abgenietet wurden, nachdem zuvor die Setzungen der Joche durch Anheben der Konstruktion mit hydraulischen Pressen beseitigt und die richtige Werkstattüberhöhung wiederhergestellt war.

Abb. 43. Freivorbau auf der Neußer Seite, Vorfeldbau hängt in der Federmeßvorrichtung.

Abb. 44. Beiderseitiger Vorbau zur Brückenmitte.

Abb. 45 Beiderseitiger Freivorbau.

Abb. 46. Innenaufnahme aus dem Hohlkasten heraus.

Abb. 47. Ende des Freivorbaues.

Abb. 48. Vormontage der Mittelstücke 17—17' auf Pontons.

Abb. 49. Hochziehen des
Oberstrom-Mittelstückes 17—17'
am 19. 9. 1951.

Die Montage der Felder 6—8 bzw. 6'—8' erfolgte im Freivorbau. Dabei wurden die Seitenwände im rückwärtigen Stegstoß als Kragträger von 22,88 m Länge mit Paßdornen eingespannt. Nach dem Einlegen der unteren und oberen Platten in der ersten Hälfte des vorzubauenden Feldes wurden die Seitenwände eines Kastens im vorderen Viertelspunkt mit beiden Auslegern des Vorbaukrans so weit angehoben, daß an der Einspannstelle in den Stegstößen das Biegemoment null wurde. Die hierfür erforderliche Kraft betrug je Ausleger etwa 45 t und wurde mit einer geeichten Federmeßvorrichtung (Abb. 42) kontrolliert und damit eine Überlastung des Kranes verhindert. In diesem angehobenen Zustand, der der Werkstattüberhöhung entsprach,

Abb. 50. Anschlagen des Unterstrom-Mittelstückes 17—17' am 21. 9. 1951.

wurde der Kasten und der gesamte Stoß an der Einspannstelle vernietet. Damit wurde die vorgeschriebene Spannungsverteilung über den ganzen Stoßquerschnitt erreicht und eine Überbeanspruchung der Stegstöße vermieden. Die Felder 8—10 bzw. 8'—10' wurden auf die Strompfeiler abgesetzt, nachdem vorher die Stahlgußlager in die richtige Höhe gebracht worden waren. Drei der schweren Stegblechstücke mit einem Gesamtgewicht von 165 t, wurden am 25. Mai 1951 in achtstündiger Schicht auf den Strompfeiler VII der Düsseldorfer Seite aufgesetzt; dann verhinderte gegen 17.00 Uhr ein plötzlich auftretender Gewittersturm den Einbau des vierten Hauptträgerstückes am gleichen Tage. Auch in der Folgezeit verzögerten noch manche Stürme den Einbau der großen Stücke mit einer Windangriffsfläche bis zu 150 qm.

Der Vorbau der Felder 10—17 in der Mittelöffnung (Abb. 43—47) erfolgte in gleicher Weise wie derjenige von 6—8. Nachdem der Vorbau bis Punkt 12 gediehen war, wurde die Brücke in den Seitenöffnungen über den Hilfsjochen freigesetzt, die dann abgebrochen wurden. Die Vorbaukräne wurden in ihrer letzten Stellung vor den Punkten 15 bzw. 15' nach Montage der Felder 16—17 abgebrochen und auf Transportwagen über die Straßenbahngleise zurückgefahren. Die Messung der Höhenunterschiede der Freivorbauendpunkte 17 und 17' ergab, daß die beiden Spitzen auf gleicher Höhe lagen. Der Freivorbau der 92,50 m langen Kragarme in der Mittelöffnung war also mit der größtmöglichen Genauigkeit vor sich gegangen.

Nun wurden die Vorrichtungen für das Hochziehen der beiden Kastenmittelstücke von 21 m
Länge in die verbliebene Lücke von 17—17′ montiert. Von Anfang an hatte man die Neußer
Hälfte des Bauwerks um 7,4 cm zu weit nach Neuß montiert, um genügend Spielraum beim
Hochziehen der Mittelsücke zu haben und um der Temperaturausdehnung Rechnung zu tragen.
Etwa 1,3 km stromab der Baustelle bot sich auf der rechten Rheinseite ein günstiger Montage-
platz für die Mittelstücke (Abb. 48). Die einzelnen Konstruktionsteile mit einem Höchstgewicht
von 20 t konnten hier über die Straße und das Gelände auf den Deich gefahren werden. Am
Deichfuß wurde ein Schwenkmast mit 20 t Tragkraft und 25 m Ausladung aufgestellt, der die
Stücke von den Transportwagen nahm und unmittelbar an die Einbaustelle brachte. Es wurden
zwei Flöße hergestellt, von denen jedes aus 18 Fährpontons mit Vorschiffen bestand und mit
einer Plattform aus Walzträgern ausgerüstet war. Nach dem Zusammenbau des Oberstromkastens von etwa 100 t Gewicht auf dem ersten Floß wurde dieses etwa 30 m stromauf gezogen
und das zweite Floß für den Zusammenbau des Unterstromkastens unter den Schwenkmast
gefahren. Nach fertiger Vernietung des Oberstromkastens wurde das Floß mit dem Kasten
von zwei Schleppern am 19. September 1951, morgens um 6,00 Uhr, stromauf zur Brücke
gezogen. Das Anschlagen und Hochziehen war gegen 8.00 Uhr beendet (Abb. 49). In gleicher
Weise folgte am 21. September 1951 der Unterstromkasten (Abb. 50). Trotz dichten Nebels
wurde für das Einschwimmen, Anschlagen und Hochziehen dieses Stückes nur 1¼ Stunde
gebraucht.

Auf der Düsseldorfer Seite wurden nun die Stöße der oberen Platten in Punkt 17′ gebohrt,
verschraubt und abgenietet und damit die Mittelstücke an die Düsseldorfer Seite festgemacht.
Dann wurden in Punkt 17 auf der Neußer Seite Vorrichtungen eingebaut, um diese Hälfte des
Bauwerks an die Düsseldorfer Seite mit hydraulischen Pressen heranzuziehen und den hier ver-
bliebenen Spalt zu schließen. Die längsbeweglichen Lager auf dem Neußer Strompfeiler VI,
welche während des Freivorbaus durch kräftige Verstrebungen festgestellt worden waren, wurden
gelöst, und die beiden Hälften am 1. Oktober 1951 von 7.30 Uhr bis 8.00 Uhr zusammen-
geschlossen. Das Bohren, Verschrauben und Abnieten der letzten Stöße erfolgte mit Rücksicht
auf die Temperaturspannungen in der Nacht und war am 7. Oktober 1951 beendet.

Wegen der großen Verformungen beim Freisetzen der Brücke in den Seitenöffnungen und
beim Vorbau in der Mittelöffnung, wurden die Gehwegrandträger mit Konsolen und Geländer
erst nach dem Schließen der Brücke vernietet. Hierfür standen 12 leichte Nietwagen zur Verfügung, die auf den Schienen des Besichigungswagens am Gehwegrandträger liefen. Aus dem
gleichen Grunde wurden die Schienenlängsträger für die Straßenbahn erst nach dem Schließen
der Brücke ausgerichtet.

Vor dem Hochziehen der Kästen des Mittelstücks wurden die Konstruktionsteile für Besich-
tigungs- und Kabelstege, Entwässerungsrohre und Sammler von den Kragarmspitzen in das
Innere der Kästen gebracht und montiert, sodaß bei Verkehrsübergabe auch diese Teile betriebs-
fertig waren. Die Räumung der Baustelle, insbesondere der Rampen, erfolgte bereits in der
zweiten Hälfte des September 1951.

Zusammenfassung.

Der Bau der neuen Strombrücke darf wohl als eines der markantesten Beispiele des modernen
Stahlbrückenbaus betrachtet werden, dessen fortschrittliche Entwicklung ein Vergleich der Gewichte
der alten und der neuen Brücke charakterisiert. Während die Stahlkonstruktion der alten Fachwerkbrücke mit unbeschränkter Bauhöhe über der Fahrbahn 8460 t wog — was einem Gewicht von
680 kg/m² Grundfläche entsprach — wurden zum Bau der neuen vollwandigen Strombrücke
6335 t Stahl benötigt, d. h. das Gewicht je m² Grundfläche beträgt hier nur 510 kg. Das entspricht einer Stahlersparnis von 25 %, obwohl die Verkehrsbelastungen bei der neuen Rheinbrücke erhöht wurden. Eine weitere Steigerung der Wirtschaftlichkeit ergab sich durch die Verwendung der Stahlleichtfahrbahn, wodurch die Tiefbaukosten für die Fahrbahn entfielen.

Diese Erfolge wurden ermöglicht durch die Anwendung der neuesten Erkenntnisse der Statik
und Stabilitätstheorie, der Schweißtechnik und der Werkstofforschung. Durch eine vorbildliche
Zusammenarbeit aller Beteiligten gelang es, das Bauwerk in kürzester Zeit herzustellen und Mitte
November 1951, 18 Monate nach der Erteilung des Auftrags, dem Verkehr zu übergeben.

Instandsetzung und Änderung der Flut- und Deichbrücken.

Von

Oberingenieur **Klaus Reisdorf**.

Die Flut- und Deichbrücken wurden durch die Sprengung im Jahre 1945 nicht so stark zertört, daß sie hätten vollständig erneuert werden müssen. Die Beschädigungen waren aber auch hier stellenweise erheblich, so z. B. bei den linksrheinischen 4 Überbauten, die von ihren Lagern abgestürzt waren und auf dem Vorflutgelände lagen, wobei Teile der Fahrbahn- und

Abb. 1. Zerstörte linksrheinische Flutbrücken.

Gehwegkonstruktion sowie der Hauptträger so stark beschädigt und verformt wurden, daß sie ausgebaut und erneuert werden mußten (Abb. 1). Der obere Teil des Pfeilers IV war etwa 1,0 m über dem Gelände abgeschert und mußte erneuert werden. Die rechtsrheinische Flutbrücke zwischen Pfeiler VIII und IX war ebenfalls abgestürzt und lag im Vorflutgelände, während die übrigen zwei Flutbrücken auf den Pfeilern liegen blieben und nur Splitterschäden und Durchschüsse aufzuweisen hatten. Die rechtsrheinische Deichbrücke dagegen war durch einen Brand von Kriegsgerät, das auf der Deichstraße unter der Brücke lag, stark beschädigt, so daß sie zum Teil erneuert werden mußte.

Die abgestürzten Flutbrücken wurden nacheinander mit je 4 Hubgerüsten für je 400 Tonnen Tragkraft hydraulisch gehoben und auf die Pfeiler wieder abgesetzt (Abb. 2 und 3). Teilweise mußte auch eine Längsverschiebung bis zu 3 m vorgenommen werden, weil bei der Sprengung die Flutbrücken von der Strombrücke um dieses Maß zum Land hin verschoben wurden, worauf auch das Abscheren von Pfeiler IV zurückzuführen war.

Insgesamt mußten etwa 6100 Tonnen Brückenkonstruktion mit Fahrbahn bis zu 12 m gehoben bzw. verschoben werden. Diese Arbeiten wurden in den Jahren

Abb. 2. Heben der Flutbrücke IV, linksrheinisch.

1948/49 geleistet, bevor der Bau der Brücke endgültig beschlossen war. Diese Vorarbeit wurde auch deshalb vorweggenommen, um das Flutgelände für einen störungsfreien Durchfluß wieder frei zu machen, denn in den Jahren 1945—47 hatten sich im Vorgelände bei Hochwasser starke Kolke gebildet, wodurch die Standsicherheit der Pfeiler gefährdet wurde.

Im Zuge der Strombrückenplanung wurde auch die der Instandsetzung und Änderung vorgenommen. Während die Haupttragkonstruktion, wie z. B. die Hauptträger und deren Ausbildung als Gerberträger, sowie die Querträger beibehalten wurden, mußte die Fahrbahn- sowie die Geh- und Radweg-Ausbildung der Strombrücke angepaßt werden. So mußte die Breite der beiden Fahrbahnen von 6,0 auf 7,5 m vergrößert werden. Auch wurde die Forderung gestellt, daß die Brücke von einem 70-Tonnen-Raupenfahrzeug in Einzelfahrt benutzt werden kann.

Um diesen Forderungen am einfachsten entsprechen zu können, entschloß man sich zu einer Stahlbeton-Fahrbahn in Verbundwirkung mit den Längsträgern. Die alte Fahrbahn, bestehend aus Buckelblechen, Beton, Sand und Kleinpflaster, im Gesamtgewicht von 940 kg/m² wurde

Abb. 3. Flutbrücken II, III und IV gehoben.

einschl. Buckelblechen entfernt und durch eine 20 cm starke Stahlbetondecke mit 3 cm Gußasphalt im Gewichte von 650 kg/m² ersetzt.

Bei den Fuß- und Radwegen wurden ebenfalls die alten Abdeckungen, bestehend aus Stahlbetonplatten und Kabelkästen aus Beton, ausgebaut und in eine 8 cm starke Stahlbetonplatte mit 3 cm Asphalt abgeändert.

Auch die Anordnung der Schienen für die Straßenbahn wurde dahin geändert, daß die Holzschwellen in Fortfall kamen und die Schienen unmittelbar auf die Längsträger, unter Verwendung von aufgeschweißten Rippenplatten, aufgebracht wurden. Die Flächen zwischen den Schienenträgern und den Randträgern der Fahrbahnen sind mit Stahlgitterrosten für 500 kg/m² Nutzlast abgedeckt. Um den Höhenunterschied durch die fortfallenden Holzschwellen auszugleichen, wurden die Schienenträger durch geschweißte Stahlböcke unterbaut.

Durch diese Änderung der gesamten Brückenabdeckung verringerte sich das Eigengewicht wie folgt:

Alte Brückenabdeckung	= 19,7 t/m Brücke
Neue „	= 14,1 t/m Brücke
Verringerung	= 5,6 t/m Brücke,

das sind rd. 0,20 t je m² auf die gesamte Brückenbreite von 30,1 m umgerechnet. Infolge dieser Maßnahme war es möglich, die Mehrbelastung durch Verkehr auf den verbreiterten Fahrbahnen ohne Verstärkung der Haupt- und Querträger aufzunehmen. Eine Verstärkung der Fahrbahn-

Längsträger, die durch das Befahren mit dem 70-Tonnen-Fahrzeug erforderlich gewesen wäre, konnte durch die Schaffung einer Verbundwirkung dieser Träger mit der Fahrbahnplatte aus Stahlbeton vermieden werden.

Die Flutbrücken sind auf beiden Rheinseiten völlig gleich und bestehen aus Gerberträgern. Das Längsgefälle dieser Brücken beträgt 1 : 80 und das Quergefälle der Fahrbahn sowie des Geh- und Radweges 1 : 75. Der neue Querschnitt der Flutbrücke ist aus der Abb. 4 zu ersehen.

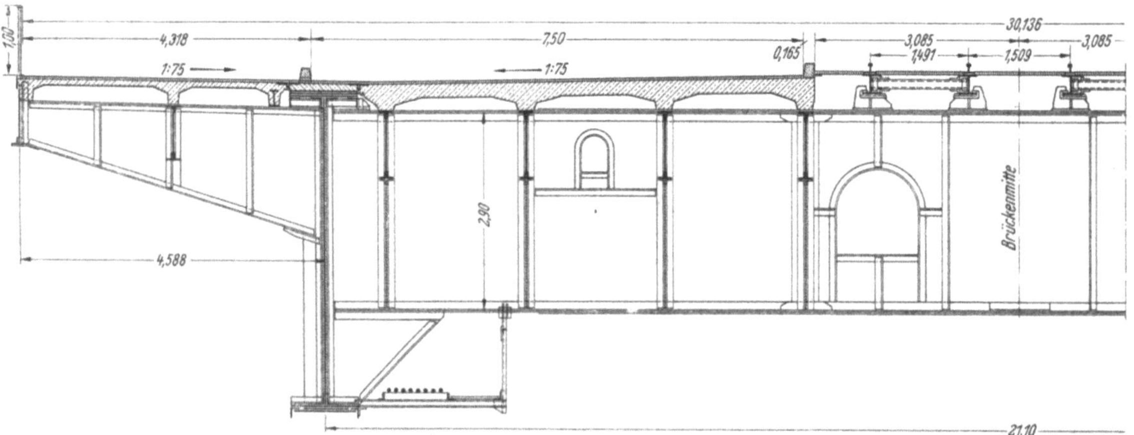

Abb. 4. Neuer Querschnitt der Flutbrücke.

Die Hauptträger haben einen Abstand von 21,1 m und bestehen aus 4,5 m hohen einwandigen Blechträgern (Abb. 5). Dieselben laufen über drei Öffnungen als Gerberträger durch. In der mittleren Öffnung über den Pfeilern III, IV und IX—X sind Kragträger angeordnet, deren Stützweiten wegen der schrägen Pfeiler III und X verschieden sind und 57,0 m auf der Unterstromseite und 52,128 m auf der Oberstromseite betragen. Die Stützweiten der Einhängeträger betragen zwischen den Pfeilern II—III bzw. X—XI = 47,436 m und 42,564 m und zwischen den Pfeilern IV—V bzw. VIII—IX = 48,7 m. Hierzu siehe Grundriß (Abb. 6).

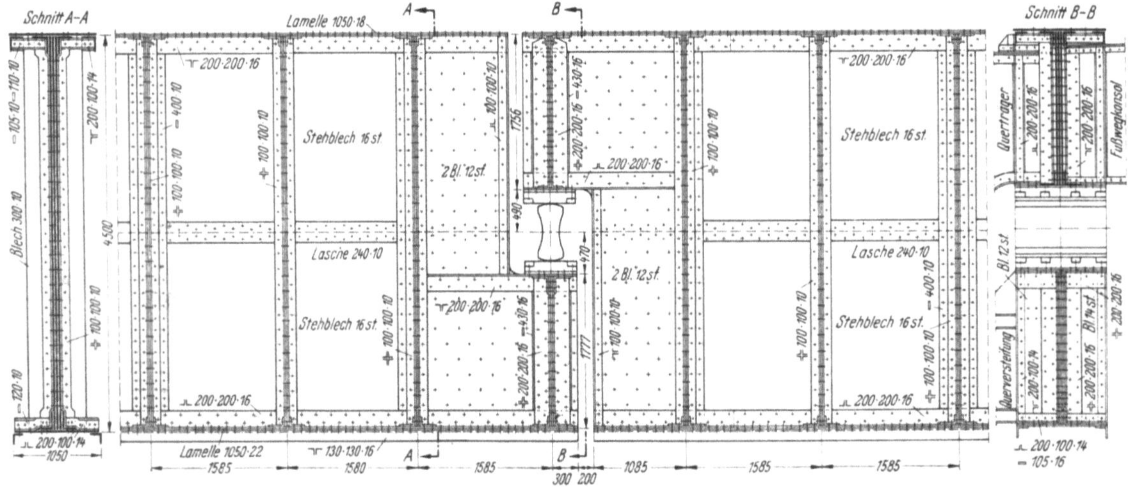

Abb. 5. Hauptträger der Flutbrücken.

Das Stegblech hat eine Stärke von 16 mm, eine Höhe von 4500 mm und einen durchgehenden Längsstoß. Die Gurtungen bestehen aus Doppelwinkeln 200/200/18 und bis zu 4 Gurtplatten 1050 mm breit mit einer Randverstärkung aus Winkeln 130/130/16.

Die Querträger sind in Abständen von 9,5 m angeordnet und haben eine Stützweite von 21,1 m. Das Stegblech ist 14 mm stark und hat eine Höhe von 2900 mm.

Die Längsträger der Fahrbahn haben eine Stützweite von 9,5 m und einen Abstand von 2,11 m. Das Stegblech hat die Abmessung 950/9 mm und die Gurtungen bestehen aus Doppelwinkeln

64

90/90/9 bei den mittleren und aus Doppelwinkeln 100/100/10 bei dem inneren Randträger. Die Verbundwirkung zwischen der 20 cm starken Stahlbetonplatte und den Längsträgern wird durch die Schubdübel hergestellt, die aus einem mit zwei Nieten 24 Ø angenietetem Flachstahl 80/30 und zwei angeschweißten Rundstäben 16 Ø bestehen. Der Abstand der Dübel beträgt am Auflager 300 mm und vergrößert sich zur Trägermitte hin auf 650 mm (siehe Abb. 7 und Abb. 8). Es handelt sich um starre Dübel mit schrägen Verbundstäben. Ein Anschweißen der Dübel auf

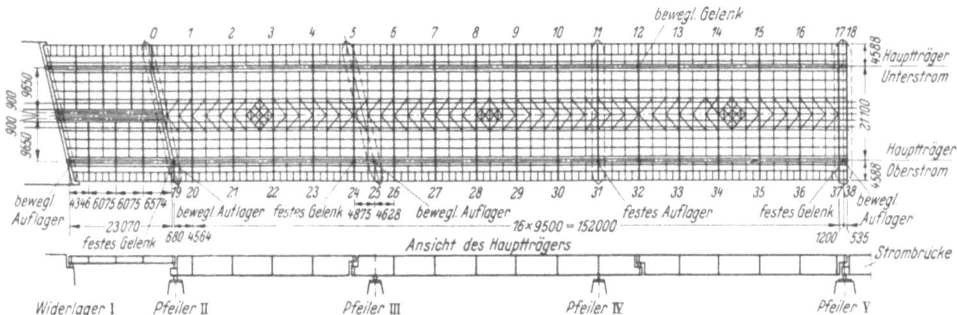

Abb. 6. Grundriß der Deich- und Flutbrücken.

den Längsträgern wurde deshalb nicht vorgenommen, weil letztere aus Siliziumstahl ausgeführt sind, dessen Schweißbarkeit nicht gewährleistet ist.

Bei der Berechnung der Verbundträger und Dübel wurden die „Richtlinien für die Bemessung von Verbundträgern im Straßenbrückenbau" vom Juli 1950 zugrundegelegt. Die Verbundwirkung wird nur für die Verkehrslast in Anspruch genommen, weil die Längsträger beim Betonieren nicht abgestützt wurden. Die Schubkraft, die von einem Dübel aufgenommen werden kann, beträgt 8,74 t. Die Verbundstäbe sind so an den Dübeln angeschweißt, daß die Anschlußkraft das Kippmoment im Dübel aufhebt. Das Schwinden des Betons wurde bei der Berechnung berücksichtigt, dagegen das Kriechen des Betons nicht, weil dieses nur bei einer Dauerbeanspruchung auftritt und der Verbundträger nur Verkehrslast, also keine Dauerbelastung erhält. Über den Querträgern erhält die Stahlbetonplatte eine Fuge (siehe Skizze).

Durch diese Verbundwirkung wird die Tragfähigkeit der genieteten und 950 mm hohen Längsträger wesentlich erhöht. Während das alte $W_n = 3840\ \mathrm{cm^3}$ betrug, stellt sich das Widerstandsmoment des Verbundträgers auf $W_{vst} = 8750\ \mathrm{cm^3}$.

Infolge Verbreiterung der Fahrbahnen von 6,0 auf 7,5 m reicht letztere bis über den Hauptträger. Die Fahrbahnplatte liegt auf dem Hauptträger auf und ist auf dessen Obergurt mit angeschraubtem Bügel verankert (siehe Abb. 9). Beiderseits des Hauptträgergurtes sind in der Fahrbahnplatte Längsfugen vorgesehen, um Zwängungen infolge ungleicher Durchbiegung von Haupt- und Längsträgern zu vermeiden.

Die Breite des Geh- und Radfahrweges auf der Vorlandbrücke verringert sich durch die breitere Fahrbahn um etwa 1,5 m. Die Gehwegkonsolen sind gegenüber den Querträgern, also im Abstand von 9,5 m, angeordnet. Die Radlängsträger haben

Abb. 7. Die Schubbewehrung.

eine Höhe von 900 mm, an deren Obergurt das Geländer anschließt. Die Kabelkanäle unter dem Fußweg kommen in Fortfall. Dafür wird unter der Brücke, neben dem Hauptträger auf der Unterstromseite, ein Kabel- und Besichtigungssteg vorgesehen. Das alte Geländer, dessen Gliederung horizontal war, wurde durch ein neues, bestehend aus einer Handleiste 84/34 und senkrechten Flachstäben 26/40 im Abstand von 150 mm, ohne besondere Pfosten, ersetzt.

Der Wind- und Schlingerverband zwischen den beiden inneren Längsträgern im Bereich der Straßenbahn bleibt bestehen. Die Bremskräfte der Straßenbahn werden an zwei Stellen, und zwar an den Brücken II/III bzw. IX/X und IV/V bzw. VIII/IX in diesen Verband geleitet. Dieser Verband ist wie die Hauptträger als durchlaufender Gelenkträger ausgebildet. Die Verbandsstäbe sind in K-Form angeordnet und bestehen aus zwei Winkeln. Andererseits geben die beiden 7,5 m breiten Fahrbahnplatten aus Stahlbeton der Brücke eine zusätzliche horizontale Aussteifung (Abb. 6).

Im Gegensatz zu den Flutbrücken haben die Deichbrücken 4 Hauptträger von 23,07 m Stützweite. Die Anordnung der Straßenbahn, Fahrbahn, Geh- und Radwege ist dieselbe wie bei den Flutbrücken. Der neue Querschnitt der Deichbrücke ist auf der Abb. 10 dargestellt.

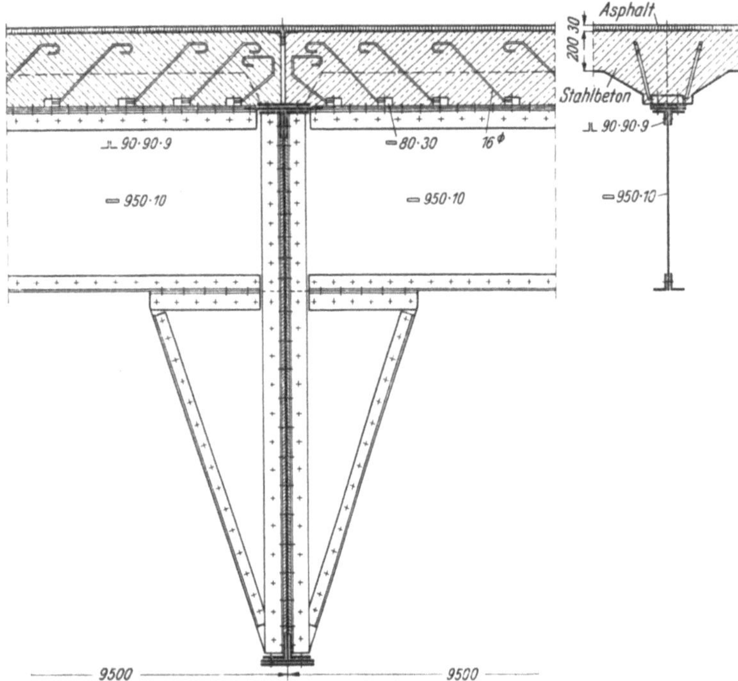

Abb. 8. Die Schubbewehrung.

Breite der Brücke zwischen den Geländern 30,1 m. Das Längs- und Quergefälle ist ebenfalls dasselbe wie bei den Flutbrücken. Die Längsträger sind auch als Verbundträger mit der Fahrbahnplatte ausgebildet.

Der Abstand der äußeren und inneren Hauptträger beträgt 9,65 m und der beiden inneren 1,8 m. Die Deichbrücken sind schief, deren Endquerträger mit der Brückenachse einen Winkel von 13° bilden. Die äußeren Hauptträger liegen auf den Hauptträgern der Flutbrücken, während die inneren auf Konsolen am Endquerträger der Flutbrücken aufliegen. Die Hauptquerträger haben 12 mm starke und 1600 mm hohe Stegbleche und 3 Lamellen. Die Querträger und Gehwegkonsolen sind im Abstand von 6,075 m angeordnet. Erstere haben 10 mm starke und 1385 mm hohe Stegbleche. Die Anordnung und Abstände der Längsträger sind dieselben wie bei den Flutbrücken.

Die festen Lager befinden sich auf Pfeiler IV, VII und IX, während alle übrigen Lager auf den Pfeilern und Widerlagern beweglich sind. Der Kragträger hat im Punkt 11 und 31 ein festes Lager und im

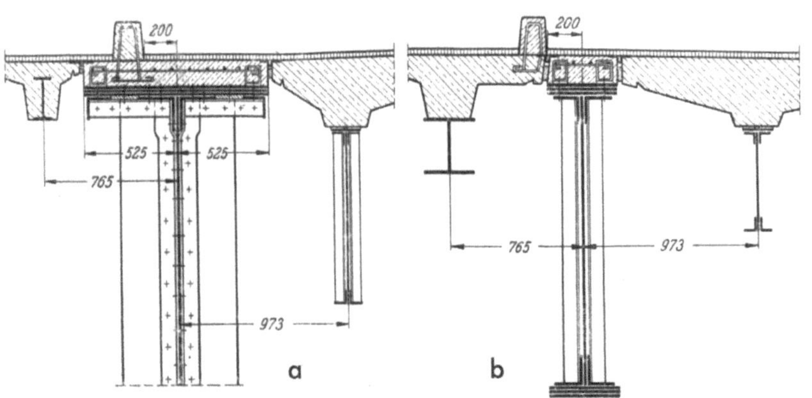

Abb. 9. Verankerung der Fahrbahnplatte auf den Obergurten der Hauptträger
a) Flutbrücke, b) Deichbrücke.

Punkt 5 und 25 ein bewegliches Lager. Die festen Lager sind als Kugelzapfenkipplager ausgebildet. Die beweglichen Lager auf den Pfeilern der Flutbrücken haben zwei Stelzen und die auf dem Widerlager eine. Über Pfeiler V und VIII ruhen die Hauptträger der Flutbrücken auf Kugelkipplagern, die auf den äußeren Hauptträgern der Strombrücke angeordnet sind. Der Auflagerdruck der Flutbrücke wirkt hier als Ballast gegen den negativen Auflagerdruck der Strombrücke. Größter Auflagerdruck $A_{g+p} = 290 + 168 = 458$ t.

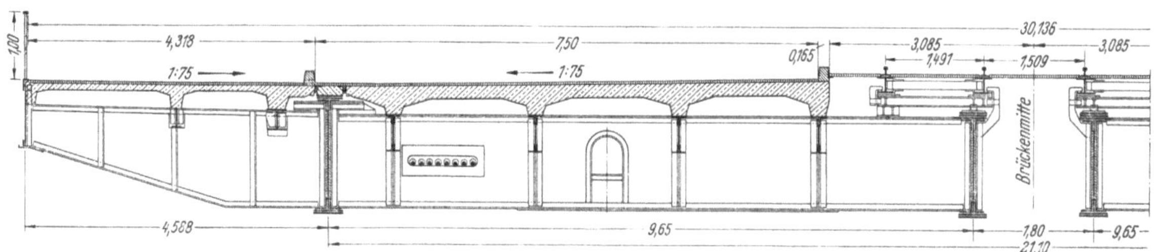

Abb. 10. Neuer Querschnitt der Deichbrücke.

Die Längenänderung der gesamten Brücke wirkt sich an den Widerlagern und an den Gelenken der Flutbrückenkragträger neben den Pfeilern IV und IX aus. Diese Längenänderung beträgt an den Widerlagern ± 55 mm und am Gelenkpunkt 12 — 32 = ± 200 mm. Der letzte Wert ist deshalb so groß, weil sich hier die Längenänderung von Pfeiler IV bis VII auswirkt, und zwar auf eine Länge von 9,5 + 48,7 + 103 + 206 = 367,2 m. Außer Längenänderung

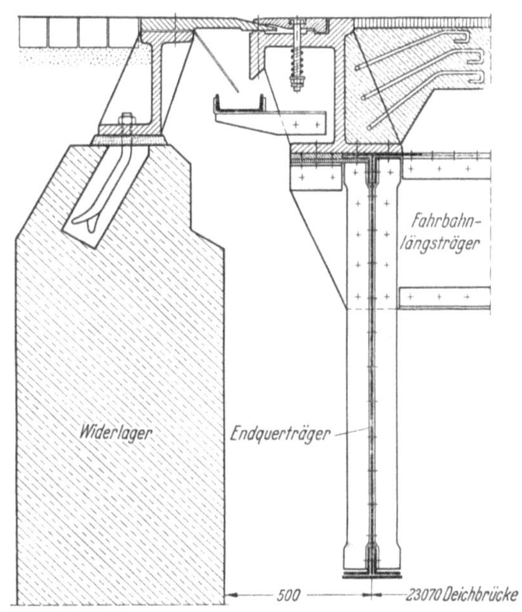

Abb. 11. Beweglicher Übergang am Widerlager.

infolge Temperaturwechsel ist auch diejenige infolge Verkehrslast auf der Strombrücke berücksichtigt.

Der bewegliche Fahrbahnübergang an den Widerlagern (siehe Abb. 11) besteht z. T. aus den alten Stahlgußteilen, die umgearbeitet wurden. Die Stahlgußteile auf den Endquerträgern wurden neu hergestellt. Bei den Geh- und Radweg-Übergängen am Widerlager wurden Warzenbleche verwandt.

Bei der großen Dilatationsfuge der Fahrbahn im Punkt 12—32 (siehe Abb. 12) wurde ein Demag-Patent-Übergang vorgesehen. Die Unterkonstruktion zum Abschluß der Fahrbahnen und zur Aufnahme der Stahlgußteile wurde aus Blechen St 37.21 geschweißt, desgleichen die Gleitböcke. Nur die Zungen-, Pendel- und Gleitplatten wurden aus Stahlguß hergestellt. Die Fuß- und Radweg-Übergänge wurden im Prinzip wie die am Widerlager ausgebildet, und zwar aus Warzenblechen.

Am Übergang zwischen der Deichbrücke und der Flutbrücke und am festen Gelenkpunkt der Flutbrücken in Punkt 5—24 sind in den Fahrbahnfugen einfache Gelenkübergänge System Leonhardt vorgesehen.

Bei den Übergängen zwischen Flut- und Strombrücke ist zwischen den Endquerträgern eine Koppelplatte von etwa 1,6 m Breite vorgesehen, die auf den Endquerträgern beweglich gelagert

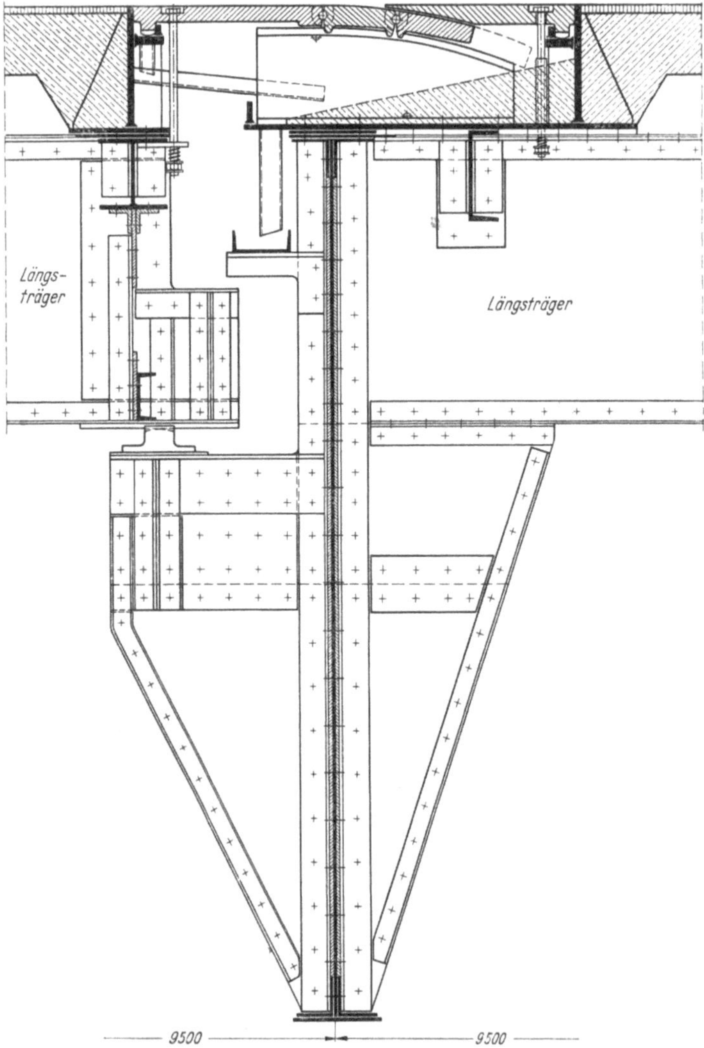

Abb. 12. Hauptdilatationsfuge im Gelenkpunkt 12—32.

ist. Damit die Durchbiegung des Endquerträgers der Flutbrücke in etwa gleich der des Endquerträgers Strombrücke wird, hat der erstere eine Unterspannung erhalten, so daß ein Zweigelenkrahmen mit Zugband entstand. Die Straßenbahnschienen erhalten an den Widerlagern, an den Hauptdehnungsfugen in Punkt 12—32 und beim Übergang zur Strombrücke Auszugsvorrichtungen.

Die alte Konstruktion der Flut- und Deichbrücken wurde in Siliziumstahl und zum geringen Teil in St 37, wie Schienenträger und Geländer, ausgeführt. Die Ersatzkonstruktionen für alte

Teile aus Si-Stahl wurden in St 52 hergestellt. Die zulässige Spannung der beiden Stähle ist gleich, ebenso die Elastizitätszahl.

Für St 52 und St Si ist δ zul. $= 2100$ kg/cm².

Stahlgewichte der Flut- und Deichbrücken:

	Stg t	St 37 t	St Si t	Zus. t
a) Alte Gewichte der Brücken . . .	151	859	3220	4230
b) Fortfallende alte Konstruktionsteile infolge von Änderungen . .	18	516	—	534
Rest a—b = ...	133	343	3220	3696
c) Eingebaute Neukonstruktionen .	43	185	—	228
Neues Gewicht der Brücken a—b+c	176	528	3220	3924
			St 52	
d) Ersatzkonstruktionen für beschädigte Teile	9	211	334	554
Gesamtgewicht der gelieferten Neukonstruktionsteile c + d . . .	52	396	334	782

Unter den Ersatzkonstruktionen für beschädigte Teile befanden sich auch Stücke von Hauptträgern bis zu einem Einzelgewicht von 10 bis 12 t.

Insgesamt mußten auf der Baustelle 133 000 Nieten geschlagen werden, davon 83 000 linksrheinisch und 50 000 rechtsrheinisch.

Es wurden insgesamt 181 Konstruktionszeichnungen in den techn. Büros angefertigt. Von diesen 181 Zeichnungen betreffen 76 die Änderungen, die an den Vorlandbrücken vorgenommen wurden. Auf den restlichen 105 Zeichnungen sind die Ersatzkonstruktionen für beschädigte alte Brückenteile dargestellt. Der Umfang der statischen Berechnung für die Neuerungen an den Vorlandbrücken beträgt rd. 100 Seiten. Die 273 Seiten starke alte statische Berechnung mußte ebenfalls neu bearbeitet und korrigiert werden.

Die Festigkeitsberechnung wurde nach den Berechnungsgrundlagen für stählerne Straßenbrücken DIN 1073 durchgeführt. Belastungsannahmen nach Klasse I A (S) DIN 1072. Sonderbelastung durch ein 70-Tonnen-Raupenfahrzeug in Abständen von 24,4 m. Für Straßenbahn besondere Lastangaben des Straßen- und Wasserbauamtes vom 3. 12. 49. Demnach beträgt die Belastung der Hauptträger rd. 1,58 t/m. Früher war der Krefelder Lastenzug der Rheinischen Bahngesellschaft zugrunde gelegt mit einer Belastung von ca. 1,74 t/m je Hauptträger.

Die Tiefbauarbeiten.

Von

Dipl.-Ing. **Erbe** und Obering. **Harenbrock.**

A. Die Pfeilerarbeiten.

1. Strompfeiler. Die umfangreichste Zerstörung an den Unterbauten der Rheinbrücke hatte den nahe am linken Rheinufer stehenden Strompfeiler VI getroffen (Abb. 1). Die südliche Hälfte des Pfeilers bis etwa zum Wasserspiegel war durch Sprengung zerstört; am Pfeilervorkopf reichten die Schäden noch beträchtlich unter Niedrigwasser. Gleich hier mag erwähnt werden,

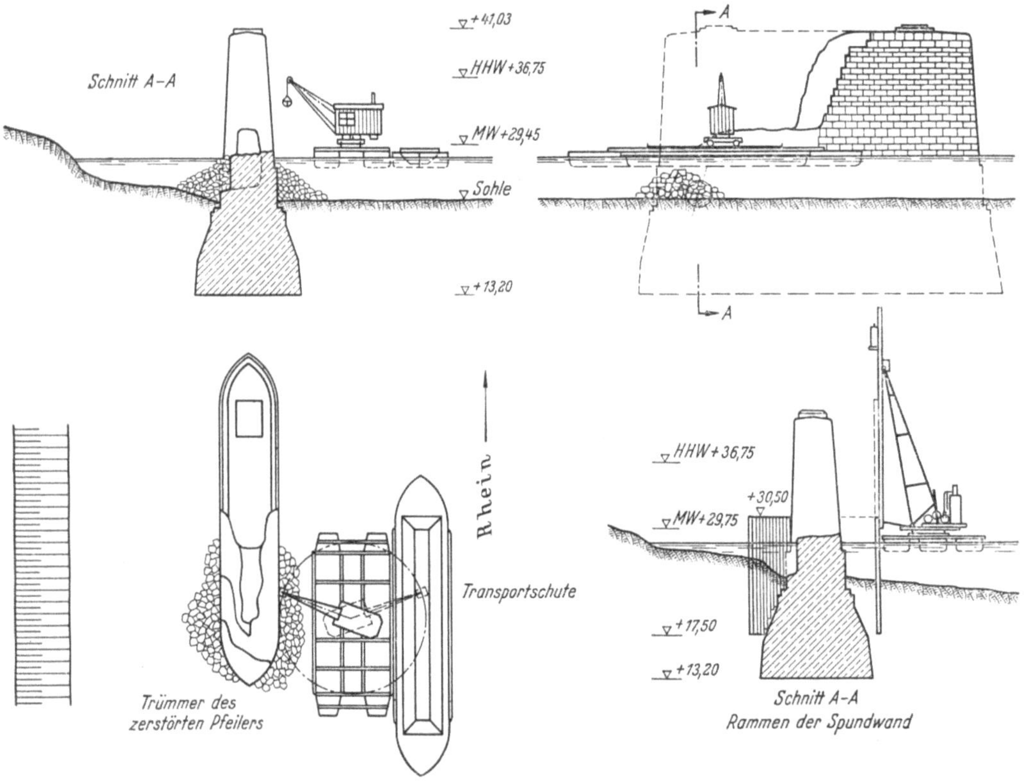

Abb. 1. Trümmerräumung am Pfeiler VI. Rammen der Spundwände.

daß der stehengebliebene Pfeilerteil eine Sprengladung enthielt, deren Zündung versagt hatte. Diesem Versagen ist es zu verdanken, daß die stromabgelegene Pfeilerhälfte erhalten blieb, während die Ladung der anderen Sprengkammer bei ihrer Entzündung den südlichen Teil des Pfeilers zerstört hat. Im Verlauf der Arbeiten wurde der Sprengstoff entdeckt und unter den nötigen Vorsichtsmaßnahmen ohne Unfall ausgebaut.

Zunächst galt es, nun eine Umschließung zu schaffen, in deren Schutz der beschädigte Teil des Pfeilers bis auf den gesunden Beton unter Wasserhaltung abgetragen und alsdann die Wiederherstellung vorgenommen werden konnte. Dazu mußten erst die neben dem Pfeiler auf der Rheinsohle liegenden Trümmer fortgeräumt werden in einem Umfange, der die Rammung der erforderlichen Spundwand ermöglichte. Diese Arbeit führte ein Schwimmgreifer mit einem kräftigen Polypkorb aus. Die Trümmer wurden in Klappschuten auf die rechte Rheinseite

geschleppt und in dort vorhandene Kolke versenkt. Anschließend konnte eine Stahlspundwand
zur Umschließung der Pfeilerbaugrube (Abb. 1) gerammt werden. Die Rammung wurde mit
einer Schwimmramme ausgeführt. Der dichte Anschluß der Spundwand an den unbeschädigten
Teil des Pfeilers bereitete gewisse Schwierigkeiten vor allem durch die absatzweise Verbreiterung
des Pfeilerfußes und den Vorsprung des Senkkastens. Es wurden daher hier kurze Fangedämme
angeordnet (Abb. 2), deren seitliche Spundwände durch Paßbohlen möglichst eng an den Pfeiler
anschlossen. Zur Verfüllung der Fangedämme diente Kies mit etwa 7 Prozent Kalkzusatz. Das
Material wurde maschinell gemischt und durch Klappkübel eingebracht.

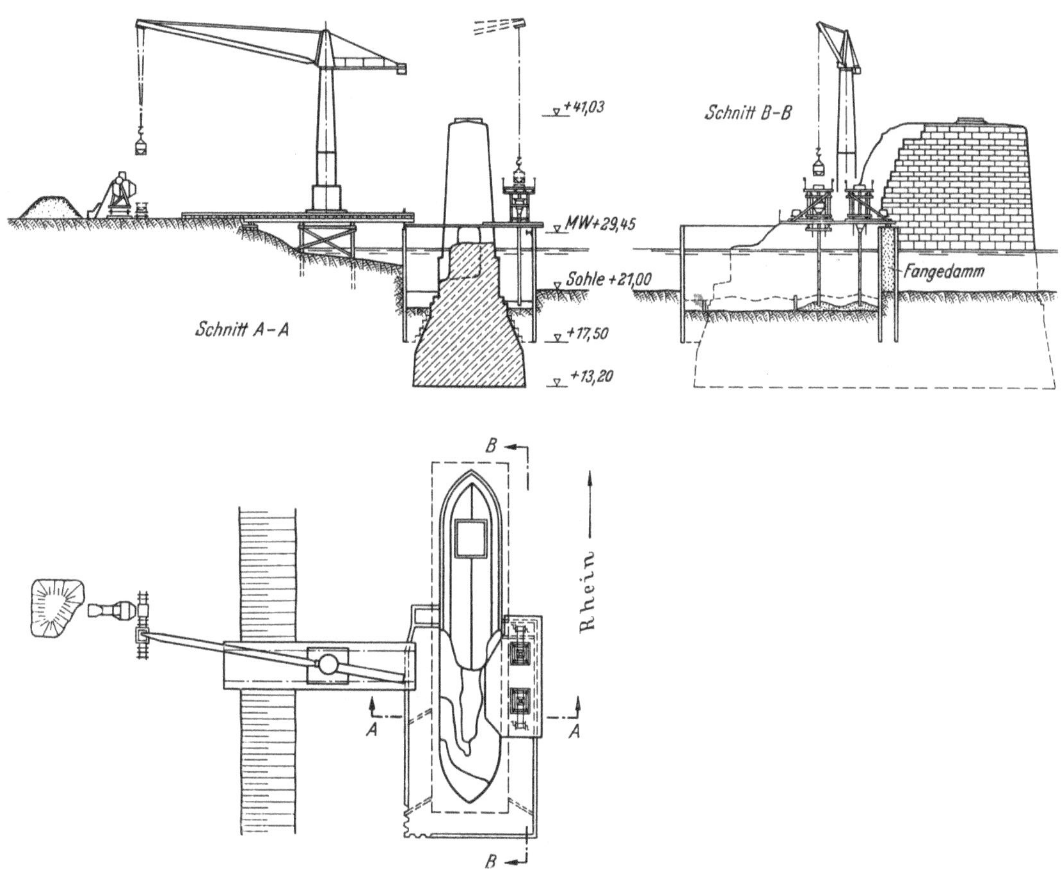

Abb. 2. Einbringen des Unterwasserbetons am Pfeiler VI.

Bei dem sehr durchlässigen Kies des Flußgrundes war ein Auspumpen der Baugrube ohne
Abdichtung der Sohle nicht denkbar (dies wurde auch rechnerisch nachgeprüft). Es wurde der
Boden zwischen Pfeilerfundament und Spundwand mit Hilfe eines Schwimmgreifers ausgehoben,
und zwar auf eine Tiefe, die das Einbringen einer hinreichend starken, d. h. auftriebsicheren
Sohle aus Unterwasserbeton nach dem bekannten Kontraktorverfahren ermöglichte (Abb. 2).

Schon hierbei erwies sich die Ausrüstung der Baustelle mit einem Turmdrehkran, der sie
in voller Ausdehnung bestrich, als vorteilhaft. Er leistete Hilfe beim Einbau der Baugruben-
aussteifung und beim Versetzen der Kontraktoreinrichtung und führte weiter sämtliche Zufuhren
von Baustoffen, Rüstungen usw. bis zur Versetzung der Werksteine (Abb. 2) durch.

Der Unterwasserbeton wurde in drei Abschnitten eingebracht; nach seiner Erhärtung wurde
die Baugrube ausgepumpt und der schadhafte Beton des Pfeilerstumpfes abgebrochen. Zur
besseren Verbindung des neuen mit dem alten Beton wurden in diesen Steckeisen einbetoniert.
Da sich einige Risse als Folge der Sprengung in den sonst gesunden Pfeilerstumpf fortsetzten,
ist die untere Zone des neuen Pfeilerschaftes in Stahlbeton kappenförmig ausgebildet und faßt
den darunterliegenden alten Beton noch einmal nach Art einer Verankerung zusammen. Der
weitere Aufbau des Pfeilers, der in seiner alten Form — Stampfbeton mit Basaltlavaquadern

ummantelt — hergestellt wurde, unterscheidet sich kaum von der Herstellung eines neuen Pfeilers (Abb. 3). Zu erwähnen bleibt, daß der Pfeiler in seiner neuen Gestalt etwa 1,50 m niedriger ist als früher, so daß auch der stehengebliebene Teil des Pfeilers entsprechend abzubrechen war. Dieser Abbruch war so weit herunterzuführen, daß eine gemeinsame, über altem und neuem Pfeilerteil durchgehende Auflagerbank aus Stahlbeton hergestellt werden konnte, die gleichzeitig als weitere Verbindung beider Baukörper dient. Zu diesem Zweck hat sie über dem erhaltenen nördlichen Pfeilerteil ebenfalls eine kappenartige Form und ist mit diesem verzahnt, so daß sie den alten Beton wiederum mit dem neuen aufs beste verklammert (Abb. 3).

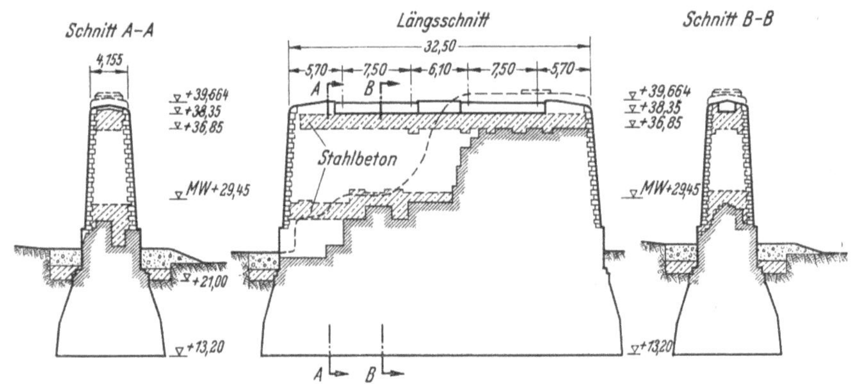

Abb. 3. Pfeiler VI nach Fertigstellung.

Bedeutend einfacher waren die Arbeiten am kaum beschädigten rechten Strompfeiler VII. Sie bestanden im wesentlichen aus dem Abbruch des Pfeilerkopfes und seiner Neuherstellung entsprechend der niedrigeren Kote der jetzigen Brückenlager. Diese Arbeiten wurden mit einer schwimmenden Betonieranlage und einem Förder- und Arbeitsgerüst auf Schuten durchgeführt.

2. Vorlandpfeiler. Durch die Sprengung der Rheinbrücke ist außer den beiden vorbeschriebenen Strompfeilern auch der Pfeiler IV der linksrheinischen Vorlandbrücke stark zerstört worden. In etwa 4,00 m Höhe über Oberkante des Fundamentes war der 9,90 m hohe Schaft des Brückenpfeilers durch den bei der Sprengung ausgelösten Druck waagerecht durchgeschert bzw. durch-

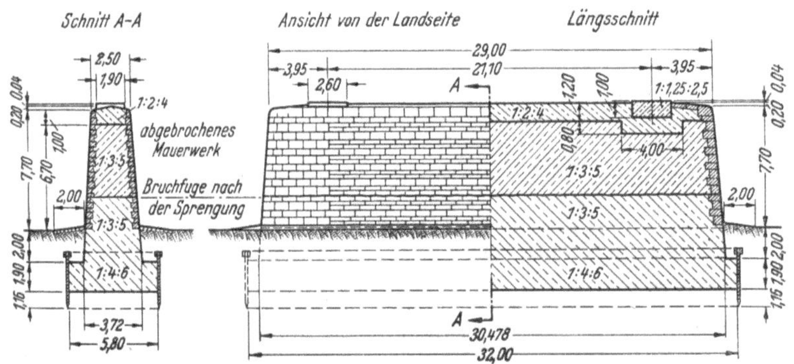

Abb. 4. Zustand des Pfeilers IV nach der Sprengung.

gebrochen (vgl. Abb. 4). Der Pfeilerschaft hatte in der Bruchfuge, die in der Abb. 4 besonders kenntlich gemacht wurde, eine Länge von 29,70 m und eine Breite von 3,20 m. Eine eingehende Untersuchung des Pfeilers ergab, daß die unterhalb der Bruchfuge aufgetretenen Schäden geringeren Ausmaßes waren und der stehengebliebene Pfeilerschaft mit dem Fundament für den Wiederaufbau noch verwendungsfähig war.

72

Bevor mit dem Wiederaufbau des Pfeilers IV begonnen werden konnte, mußte das obere abgescherte bzw. abgebrochene Pfeilerstück mittels einer Anzahl starker Sprengladungen umgekippt bzw. vom unteren Pfeilerschaft heruntergeworfen und in transportable Stücke zerkleinert werden. Noch verwendbare Basaltlava-Verblendsteine wurden hierbei ausgelesen und beiseite gesetzt. Sodann wurde der schadhafte Beton des stehengebliebenen Pfeilerstumpfes bis auf den gesunden Beton abgebrochen bzw. abgestemmt und zur besseren Verbindung des neuen mit dem alten Beton in die Verbindungsflächen des alten Betons genügend tiefe Verzahnungsschlitze eingestemmt. Mittels eines Diesel-Universal-Greifbaggers wurden die beim Abbruch angefallenen Trümmer auf Kippwagen 600 mm Spur geladen, zu einem 150—200 m enfernten, unterhalb der Brücke gelegenen Kolk transportiert und dort abgekippt.

Der Wiederaufbau des Pfeilers erfolgte in seiner alten Form (vgl. Abb. 5). Der Pfeilerschaft wurde in Stampfbeton mit einem Zementanteil von 300 kg/m³ fertigen Beton ausgeführt und die Außenflächen des Pfeilers in der gleichen Weise wie früher mit Basaltlavasteinen verblendet. Unter den stählernen Brückenauflagern wurde in ganzer Länge und Breite des Pfeilers ein 1,35 m hoher Stahlbetonauflagerbalken, Betongüte B 160, angeordnet (vgl. Abb. 5). Für den Pfeilerschaft kam Hochofenzement Z 225 und für den stark beanspruchten Stahlbetonauflagerbalken hochwertiger Hochofenzement Z 325 zur Verwendung. Hervorzuheben wäre noch, daß der

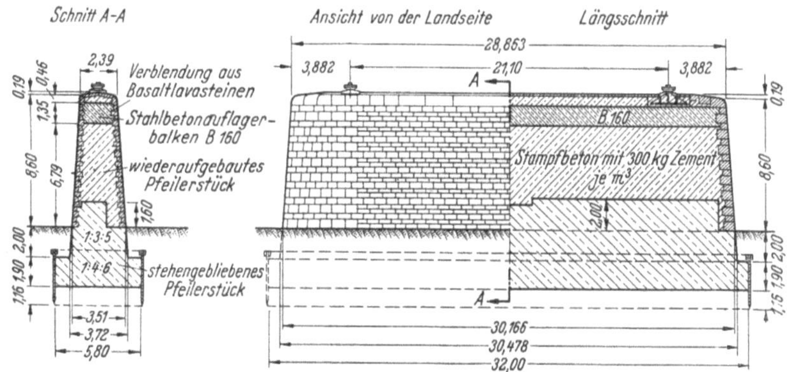

Abb. 5. Wiederaufbau des Pfeilers IV.

Vorlandpfeiler in seiner neuen Gestalt etwa 1,00 m höher ist als früher. Für den Wiederaufbau des Pfeilers wurden 750 m³ Rheinkies, 160 t normaler Hochofenzement, 30 t hochwertiger Hochofenzement, 7 t Rundstahl I und 170 m³ Basaltlavasteine benötigt.

B. Die Fahrbahn- und Gehwegplatten der Vorlandbrücken.

Die rechts- und linksrheinischen Vorlandbrücken von jeweils 184,00 m Länge hatten durch die Sprengungen im Jahre 1945 im Gegensatz zu der gänzlich zerstörten Strombrücke nur Schäden geringeren Ausmaßes erlitten, so daß die stählernen Überbauten wieder für den Aufbau der Brücke verwandt werden konnten. Ein großer Teil der stählernen Überbauten blieb, abgesehen von den Verformungen und den Auflagersetzungen, fast unbeschädigt. Auch die in das Vorland abgestürzten stählernen Brückentafeln waren nach ihrer Hebung noch verwendungsfähig. In einem besonderen Beitrag dieser Schrift werden die durchgeführten umfangreichen Instandsetzungsarbeiten an den stählernen Überbauten der Vorlandbrücken näher beschrieben.

Der Querschnitt der alten Straßenbrücke, die in den Jahren 1927—1929 erbaut wurde, war den damaligen Verkehrsforderungen angepaßt. Auf besonderem Bahnkörper in Brückenmitte waren die Schienenpaare der Straßenbahn angeordnet. Beiderseits des Bahnkörpers, durch Bordkanten eingefaßt, befand sich je eine 6,00 m breite Fahrbahn mit einem danebenliegenden 1,50 m breiten Radweg auf der Strombrücke bzw. 3,20 m breiten Radweg auf den Vorlandbrücken und einem 2,50 m breiten Gehweg (vgl. Abb. 6). Die Breite des Brückenquerschnittes zwischen den Geländern gemessen betrug 30,15 m.

Die Fahrbahndecke der alten Strombrücke und der Vorlandbrücken bestand aus Buckel-
blechen, deren Mulden ca. 16 cm tief mit Bimsbeton zwecks Gewichtsersparnis ausgefüllt waren.
Darüber lagerte eine 6—14 cm starke Stampfbetonschicht mit einer Feinbetonschicht von 2 cm
Stärke und einer 0,7 cm starken Isolierung. Über der Isolierung war eine 6,3 cm starke Schutz-
betonschicht, ein 3 cm starkes Sandbett und ein Granitkleinpflaster als Fahrbelag von 10 cm
Stärke angeordnet (vgl. Abb. 6). Das Eigengewicht dieser schweren Fahrbahndecke einschl. der
Buckelbleche betrug 940 kg/m².

Die Radwege bestanden aus 7 bzw. 9 cm starken Stahlbetonplatten mit einer darüber auf-
gebrachten 3 cm starken Asphaltschicht. Die Gehwege hatten eine Abdeckung aus 5,5 cm starken
Platten, welche auf den unter dem Gehweg angeordneten Kabelkanälen, die aus Stahlbeton-
Kabelbalken bestanden, lagerten.

Bei der Wiederherstellung der Straßenbrücke mußte dem wesentlich gesteigerten Verkehrs-
volumen seit dem Jahre 1929, insbesondere auch hinsichtlich der erhöhten Verkehrslasten,

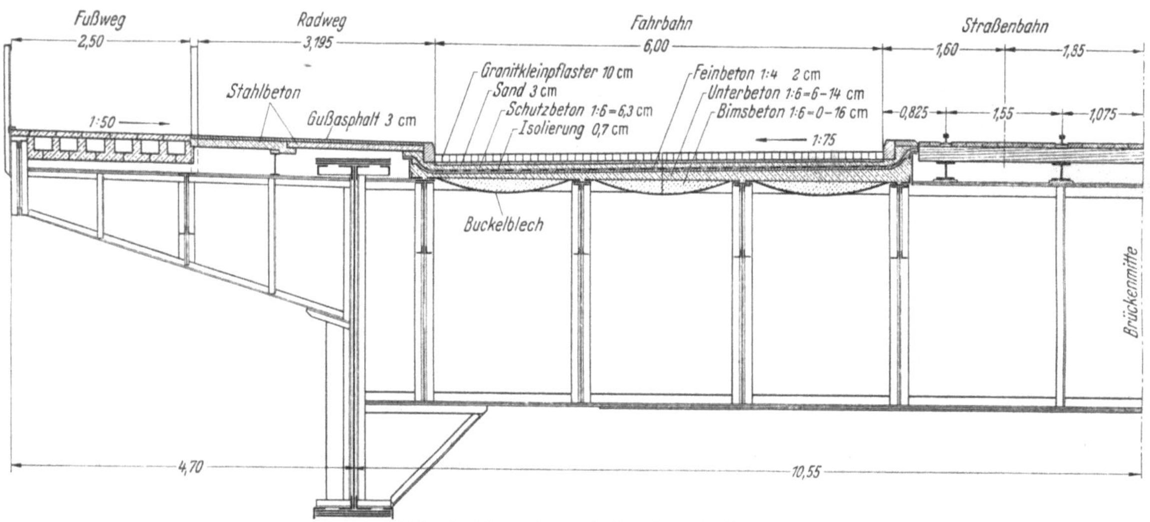

Abb. 6. Alter Querschnitt der Flutbrücke.

Rechnung getragen werden. Unter Beibehaltung des besonderen Bahnkörpers in Brückenmitte
wurden daher die seitlich des Bahnkörpers gelegenen Fahrbahnen von 6,00 m Breite auf 7,50 m
erweitert und die Geh- und Radwege, da eine Verbreiterung der Vorlandbrücken nicht möglich
war, entsprechend verringert. Die neue Aufteilung des Brückenquerschnittes bedingte, daß die
Fahrbahnen, die bisher seitlich der stählernen Hauptträger angeordnet waren, teilweise mit
auf den Obergurten der stählernen Hauptträger zu liegen kamen. Da aber der Obergurt der
stählernen Hauptträger 22—29 cm höher lag als die Oberkante der stählernen Quer- und
Längsträger, die die Fahrbahndecke tragen (vgl. Abb. 6), konnte die alte Fahrbahndecke mit
den Buckelblechplatten nicht mehr beibehalten werden, sondern sie mußte entfernt und durch
eine neue Fahrbahndecke oberhalb des Obergurtes der stählernen Hauptträger ersetzt werden.

An Stelle der bisherigen auf Buckelblechen lagernden Fahrbahndecke wurde eine Stahlbetonplatte als Fahrbahndecke gewählt, die mit dem vorhandenen stählernen Tragwerk sinnvoll zu
einer Verbundkonstruktion vereint wurde dergestalt, daß durch diese Stahlbetonkonstruktion
die Tragfähigkeit der Brückenkonstruktion so erhöht wurde, daß sie den gesteigerten Verkehrslasten gewachsen war. Als Fahrbelag wurde an Stelle des 10 cm starken Granitkleinpflasters
eine 3 cm starke Asphaltschicht unmittelbar über der massiven Stahlbetonplatte aufgebracht.
In Anpassung an die vorläufigen Richtlinien für die Bemessung von Verbundträgern im Straßenbrückenbau — Entwurf Juli 1950 — wurde die Fahrbahnplatte in der zulässigen Mindeststärke
von 20 cm ausgeführt, so daß gegenüber der früheren Fahrbahndecke erhebliche Gewichtseinsparungen erzielt wurden, die der Belastung der Brücke infolge der gesteigerten Verkehrslasten wieder zugute kam. Das Eigengewicht der bisherigen Fahrbahndecke betrug 940 kg/m²,
wohingegen das Eigengewicht der neuen Stahlbetonfahrbahnplatte einschl. des Asphaltbelages

74

nur 650 kg/m² beträgt. Soweit die Fahrbahn auf dem Obergurt des stählernen Hauptträgers zu liegen kam, wurde die Stahlbetonplatte in Anpassung an die Obergurtlamellen des Hauptträgers nur 11—19 cm stark ausgeführt und mit dem Stahlträger fest verbunden. Im Bereich der bisherigen Fahrbahn liegt die neue Fahrbahnoberkante 43—52 cm über der Oberkante des vorhandenen stählernen Tragwerkes, so daß zur Auflagerung der Stahlbetonplatte über den stählernen Längs- und Querträgern Betonstege angeordnet werden mußten (vgl. Abb. 7 und 8). Die beiden Abbildungen geben gleichzeitig Aufschluß über die Voutenanschlüsse zwischen der Stahlbetonplatte und den unterstützenden Betonstegen. Das Quergefälle der Vorlandbrücke sowie die Anordnung der Schrammborde entsprechen der Ausführung der stählernen Überbauten der neuen Strombrücke. Durch die bestehende Anordnung des stählernen Tragsystems war die Spann-

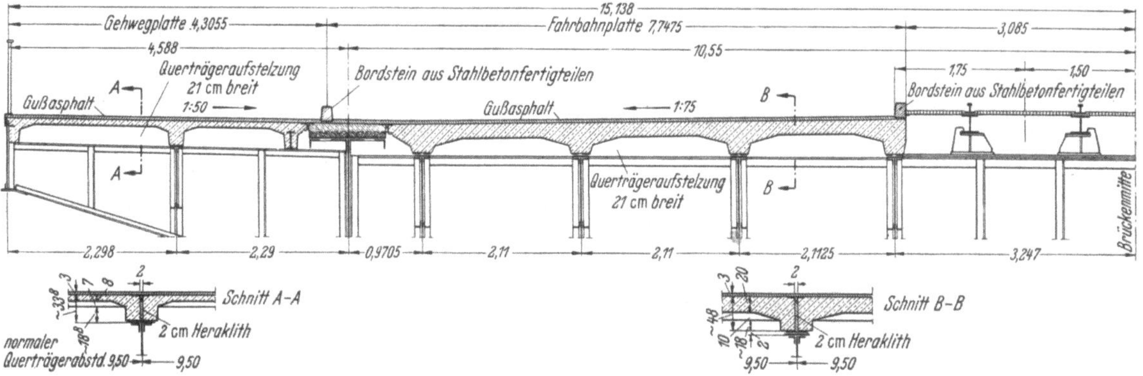

Abb. 7. Neuer Querschnitt durch die Fahrbahn- sowie die Geh- und Radwegplatten der Flutbrücken.

richtung der Fahrbahnplatten von vornherein in senkrechter Richtung zur Brückenachse festgelegt. Mittels besonderer Verbunddübel wurden die Fahrbahnplatten mit den bestehenden stählernen Längsträgern so verbunden, daß sie als Verbundträger ohne Vorspannung wirken. Über die Ausbildung und Anordnung der Schubdübel auf den stählernen Längsträgern als Verbundmittel zwischen der Stahl- und Stahlbetonkonstruktion befindet sich eine ausführliche Abhandlung unter dem Beitrag „Instandsetzung der Vorlandbrücken", so daß hier nicht nochmals näher darauf eingegangen zu werden braucht.

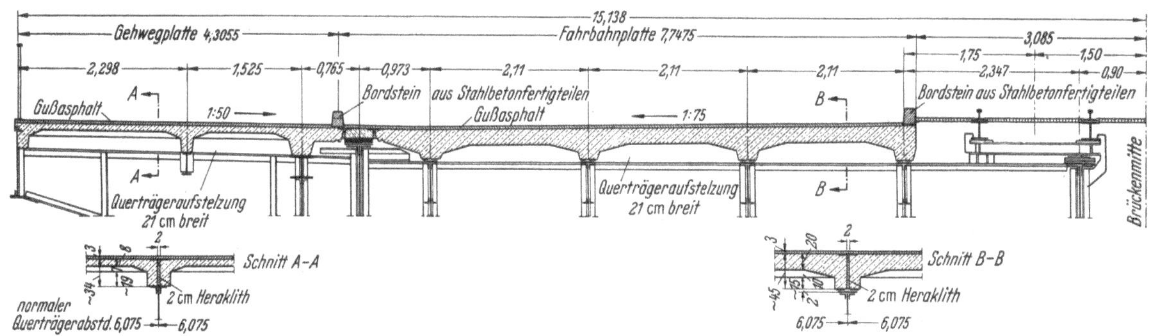

Abb. 8. Neuer Querschnitt durch die Fahrbahn- sowie die Rad- und Gehwegplatten der Deichbrücken.

Die zwischen den stählernen Querträgern gespannten stählernen Längsträger, welche mit der Stahlbetonplatte als Verbundträger wirken, weisen naturgemäß eine geringere Steifigkeit auf als die schweren mit ihnen gleichlaufenden stählernen Hauptträger; das bedingt, daß die gleichfalls sehr schweren stählernen Querträger, ebenso die stählernen Hauptträger, nur geringe Durchbiegungen im Gegensatz zu den Längsträgern bzw. Verbundträgern aufweisen. Den Verformungen der stählernen Längsträger bzw. Verbundträger, welche in hohem Maße die Größe der Auflagerkräfte beeinflussen, wurde besonders Rechnung getragen.

In konstruktiver Hinsicht wurden durch Unterteilung der Stahlbeton-Fahrbahnplatte mittels Fugen längs der stählernen Hauptträger und über den Querträgern, die in Abständen von 9,50 m bei der Flutbrücke und von 6,10 m bei der Deichbrücke angeordnet sind, die mehr oder weniger starr gelagerten Teile der Stahlbetonplatte von denen mit elastischer Stützung getrennt (vgl. Abb. 7 und 8). In statischer Hinsicht wurden bei der Berechnung der Stahlbeton-Fahrbahnplatte die Stützensenkungen und damit die hiervon abhängigen Momente berücksichtigt.

Die Stahlbeton-Fahrbahnplatte ist eine auf 4 Verbundlängsträgern aufliegende Dreifeldplatte mit einer in allen Feldern gleichen Spannweite von $l = 2,11$ m. Die Verbundlängsträger sind Einfeldbalken, die bei den stählernen Querträgern auflagern, eine Spannweite von 9,50 m

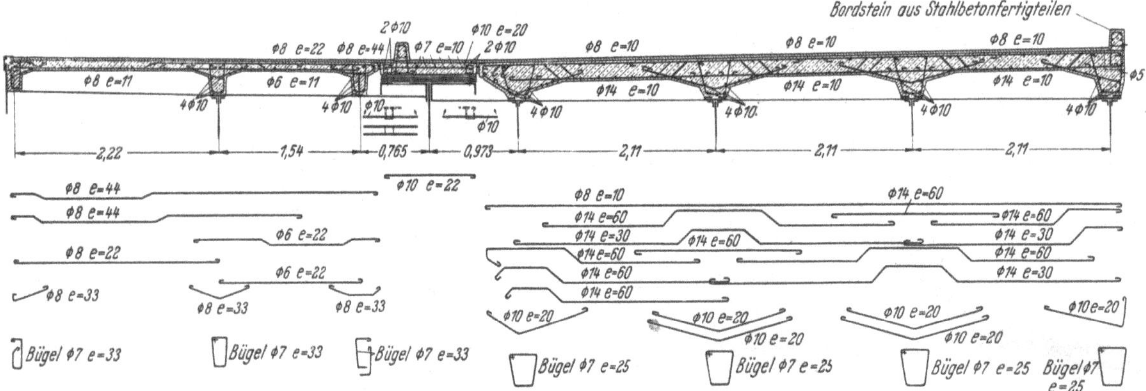

Abb. 9. Bewehrung der Fahrbahn- und Gehwegplatten der Flutbrücken.

haben und gegenseitig durch zwei kleine Zwischenträger ausgesteift werden. An den stählernen Querträgern ist die Stahlbeton-Fahrbahnplatte auf ganze Länge durch Betonstege bzw. Betonaufstelzungen unterstützt, die mit Vouten an den normalen Plattenquerschnitt angeschlossen sind. In der Nähe dieser stählernen Querträger treten daher keinerlei Zusatzmomente infolge Stützensenkungen auf, wohl aber im Mittelteil der Verbundlängsträgerspannweite.

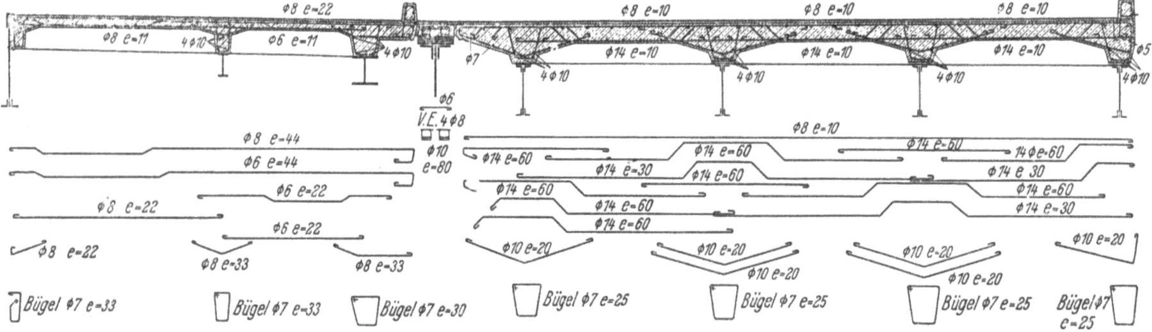

Abb. 10. Bewehrung der Fahrbahn- und Gehwegplatten der Deichbrücken.

Da infolge der Verbundsicherung die Fahrbahnplatte in ihrer Wirkung weitgehend derjenigen einer Stahlbetonbrücke entspricht, wurde die Stahlbetonplatte nach der in DIN 1075 „Berechnungsgrundlagen für massive Brücken" vorgesehenen Näherungsberechnung durchgeführt, um die infolge der Durchbiegung der Verbundlängsträger auftretenden Stützensenkungen auf einfachste Weise zu berücksichtigen.

Eine Vergleichsberechnung für den mittleren Teil der Verbundlängsträger, also für den Bereich, in dem sich die Stützensenkungen voll auswirken, hat unter Berücksichtigung der veränderlichen Steifigkeit und unter Beachtung des Einflusses von Temperaturänderung sowie Schwinden ergeben, daß auch hier die Feldmomente nicht größer werden als nach der in DIN 1075 vorgesehenen Näherungsberechnung. Bei der Ermittlung der Durchbiegung der Verbundlängsträger wurde der Querschnitt der Verbundkonstruktion zugrunde gelegt. Die unterschiedlichen Elastizitätswerte von Stahl und Stahlbeton wurden entsprechend den vorläufigen Richtlinien für die Bemessung von Verbundträgern im Straßenbrückenbau eingesetzt. Die Stützenmomente erreichten bei der Vergleichsberechnung jedoch so große negative Werte, daß sie an diejenigen, die sich nach der in DIN 1075 vorgesehenen Näherungsberechnung für Stahlbetonfahrbahnplatten auf Stahlträgern ergeben, herankommen. Außerdem können auch erhebliche positive Stützenmomente auftreten, die weder bei der Näherungsberechnung für Stahlbetonplatten auf Stahlbetonbalken noch bei der Näherungsberechnung für Stahlbetonplatten auf Stahlträgern berücksichtigt werden und die 50 % und mehr der nach der Näherungsberechnung für Stahlbetonplatten auf Stahlbetonbalken ermittelten größten Feldmomente ausmachen.

Im Einflußbereich der Stützensenkung wurden daher die negativen Stützenmomente so gedeckt, wie es bei Stahlbetonfahrbahnplatten auf stählernem Unterbau nach DIN 1075 vorgesehen ist. In gleicher Weise ist in diesem Bereich für eine Deckung der positiven Stützenmomente gesorgt, und zwar gemäß einem Erfahrungswert (nach Maier-Leibnitz) derart, daß hier mindestens 50 % des für das Fahrbahndeckenfeld ermittelten größten Momentes gedeckt werden.

Die Stahlbeton-Fahrbahnplatten wurden im Bereich der Querträger, wo keine nennenswerten Stützensenkungen auftreten, d. h. beiderseits der Querträger, und zwar auf eine Länge von $\frac{9,50}{4} = 2,375$ m bei der Flutbrücke bzw. $\frac{6,10}{4} = 1,525$ m bei der Deichbrücke nach der s t a r r e n Stützung und im mittleren Teil der Verbundlängsträger, d. h. zwischen den beiden Querträgern im Einflußgebiet der Stützensenkungen, und zwar auf eine Länge von $\frac{9,50}{2} = 4,75$ m bei der Flutbrücke bzw. von $\frac{6,10}{2} = 3,05$ m bei der Deichbrücke nach der e l a s t i s c h e n Stützung, ausgebildet (vgl. Abb. 9 und 10). Als Bewehrung für die Stahlbeton-Fahrbahnplatte wurde Rundstahl I verwandt. Nach den bei der statischen Berechnung auftretenden Betonspannungen wäre eine Betongüte von B 300 erforderlich. Es ist jedoch für die gesamte Stahlbeton-Fahrbahnplatte ein Beton von der Güte B 400 ausgeführt worden.

Durch die Schubdübelverbindung zwischen Stahl- und Stahlbetonkonstruktion ist einer Verformung der Stahlbetonplatte im Bereich der Flansche der stählernen Längsträger bzw. Verbundträger vorgebeugt. Die Ausbildung der Stahlschubdübel, bestehend aus einem Stahlflacheisen 80/30 mm mit angeschweißten Schrägeisen ϕ 16 mm aus Rundstahl I und die Anordnung der Schubdübel auf den Fahrbahnlängsträger ist aus Abb. 11 ersichtlich. Um die Güte des Stahls der vorhandenen Fahrbahnlängsträger nicht herabzumindern, wurde von jeglicher Schweißung an diesen Tragteilen abgesehen.

Die Stahlbetonplatten der Geh- und Radwege wurden in gleicher Weise ausgebildet wie die der Fahrbahnplatten. Auch hier war durch die bestehende Anordnung des stählernen Tragsystems die Spannrichtung der Stahlbetonplatten in senkrechter

Abb. 11. Anordnung der Schubdübel auf den Längsträgern.

Richtung zur Brückenachse festgelegt. Die Geh- und Radwegplatten wurden in der zulässigen Mindeststärke von 8 cm ausgeführt (vgl. Abb. 7 und 8). Die beiden Abbildungen geben gleichzeitig Aufschluß über die angeordneten Betonstege bzw. Betonaufstelzungen zur Auflagerung der Stahlbetonplatten auf den Längs- und Querträgern sowie über die Voutenanschlüsse zwischen der Stahlbetonplatte und den unterstützenden Betonstegen. Als Geh- bzw. Fahrbelag wurde wie bei der früheren Ausführung eine 3 cm starke Asphaltschicht unmittelbar über der massiven Stahlbetonplatte aufgebracht.

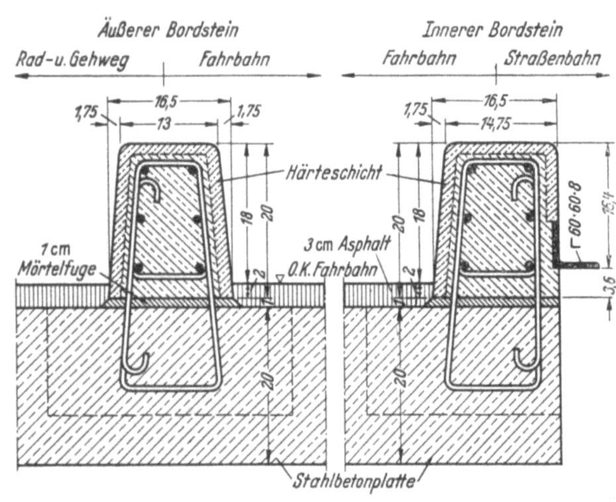

Abb. 12. Schrammborde aus Stahlbeton-Fertigteilen.

Die Stahlbetonplatte der Geh- und Radwege wurde als eine auf drei Längsträgern aufliegende Zweifeldplatte mit den Spannweiten $l_1 = 2,22$ m und $l_2 = 1,53$ m berechnet. Durch die Anordnung einer durchgehenden Fuge über den stählernen Querträgern, die in Abständen von 9,50 m bei der Flutbrücke und von 6,10 m bei der Deichbrücke liegen, tritt bei den stählernen Längsträgern im Bereich der Querträger keine Durchlaufwirkung ein. Für die Stahlbetonplatten der Geh- und Radwege wurde ebenfalls Rundstahl I verwandt (vgl. Abb. 9 und 10). Entsprechend den auftretenden Betonspannungen wurde für die Gehwegplatten ein Beton von der Güte B 300 ausgeführt.

Für die Einfassung der Fahrbahnen der Vorlandbrücken wurden Schrammborde aus Stahlbeton-Fertigteilen in Längen von ca. 2,37 m verwandt (vgl. Abb. 12), die von der Firma Dyckerhoff & Widmann, A.G., Düsseldorf, geliefert wurden. Die Außenflächen der Schrammborde waren mit einer 1 cm starken Verschleißschicht aus Härtematerial versehen. In der Längsrichtung besitzen die Schrammborde eine Bewehrung aus 6 Ø 8 mm Rundstahl II. Für das

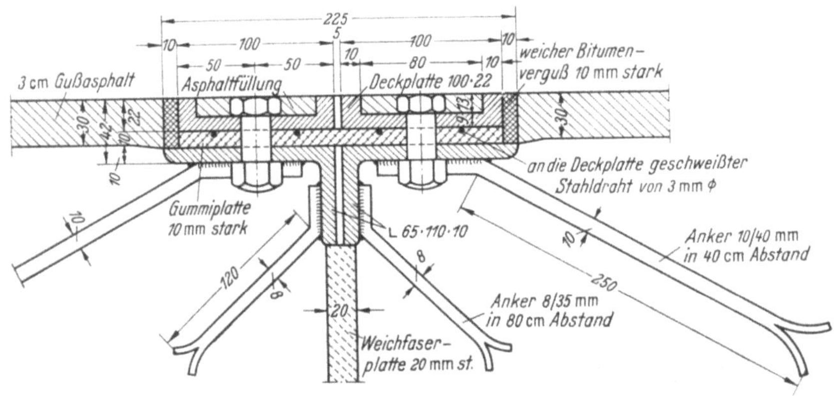

Abb. 13. Dehnungsfuge, System Leonhardt.

Versetzen der Schrammborde — Stahlbetonfertigteile — wurden in der Stahlbeton-Fahrbahnplatte in Abständen von 0,95 m genügend große Aussparungen gelassen, in die die Schrammborde mit ihrer senkrechten Anschlußbewehrung, bestehend aus jeweils 6 Standbügeln Ø 8 mm Rundstahl II, eingesetzt und fest einbetoniert wurden.

Hinsichtlich der Ausbildung der Fugen in den Stahlbetonplatten der Fahrbahnen und Gehwege wurde grundsätzlich unterschieden zwischen den Fugen, die infolge der Bewegung der stählernen Unterkonstruktion Längenänderungen erfahren, und denjenigen, die längs der stählernen Hauptträger und über den stählernen Querträgern gelegen infolge der verschiedenartigen Durchbiegung der stählernen Längsträger bzw. Verbundlängsträger keine Längenänderungen aufzunehmen haben.

Zu den Fugen, die erhebliche Längenänderungen erhalten, gehören die Fugen zwischen dem Widerlager und der Deichbrücke und die Hauptbewegungsfuge der Strombrücke, die auf der Flutbrücke zwischen der letzten und vorletzten Brückentafel angeordnet wurde. Diese Fugen wurden in Stahlkonstruktion ausgeführt und von der Stahlbaufirma eingebaut.

Über den Fugen zwischen der Deich- und Flutbrücke sowie zwischen der ersten und zweiten Brückentafel der Flutbrücke, die nur geringfügige Längenänderungen erfahren, wurde eine Fugenkonstruktion, System Dr.-Ing. Leonhardt, mit einer stauch- und dehnbaren Gummiplatte eingebaut (vgl. Abb. 13). Die Dehnungsfugenkonstruktion besteht aus zwei Winkeleisen 65/115/10, die die Kanten der Stahlbetonplatte einfassen, und zwei aufliegenden Stahlplatten 22/100 mit einer dazwischenliegenden 10 mm starken Gummiplatte, die die Stauch- und Dehnbewegungen aufnimmt.

Die Fugen über den eisernen Querträgern und längs der stählernen Hauptträger, die keine Längenbewegungen aufzunehmen haben, bestehen aus einem 30 cm breiten, 0,2 mm starken geriffelten Kupferblech, beiderseits mit einer Bitumendeckschicht belegt, als Dehnschleife, die nach dem Verlegen mit Bitumen ausgegossen wurde.

Die Entwässerung der Vorlandbrücken wurde in der gleichen Weise durchgeführt wie bei der neuen Strombrücke.

Für die Einschalung der Stahlbetonplatten der Fahrbahnen und Gehwege wurden hölzerne Schaltafeln benutzt, die den Abmessungen der Stahl-

Abb. 14. Einschalung der Fahrbahnplatte.

betonkonstruktion angepaßt waren und feldweise immer wieder verwandt werden konnten (vgl. Abb. 14). Die Unterstützung der Schaltafeln erfolgte durch quer zu den stählernen Längsträgern liegende 2″ starke Bohlenbiegen in Abständen von 0,65 m, deren Enden in besonders angefertigte Hängeeisen, sogenannte Krebse, lagerten, die auf den Flanschen der stählernen Längsträger ihr Auflager hatten. Nach dem Erhärten des aufgebrachten Betons konnte durch Lösen der Krebse die Schalung auf leichte Art wieder entfernt werden. Vor Inangriffnahme der Einschalarbeiten mußten an der Stahlkonstruktion aufgehängte Schutz- und Arbeitsbühnen errichtet werden, die erst nach der Ausschalung wieder beseitigt werden konnten.

Auf der fertigen Schalung wurde die Bewehrung entsprechend den angefertigten Konstruktionsplänen verlegt. Zur Sicherung der Höhelage der Stahleinlagen sind besondere Betonklötzchen und Abstandsbügel verwandt worden. Die Bewehrung eines Fahrbahnplattenfeldes ist aus der Abb. 15 ersichtlich. Der Aufwand an Rundstahl I beträgt pro qm Fahrbahnplatte 31,2 kg und pro qm Gehwegplatte 12,7 kg. Für die Betonherrichtung wurde eine 500-l-Betonmischmaschine, System Kaiser, welche mit einem Wasserbehälter und einer automatischen Wasserzugabevorrichtung ausgestattet war, eingesetzt. In unmittelbarer Nähe der Betonmischmaschine befanden sich ausreichend große Zementschuppen und Silos bzw. Boxen für Zuschlagstoffe, und zwar unterteilt nach den Körnungen 0—3, 3—7 und über 7 mm. Für die Beschickung der Betonmischmaschine wurden Spezial-Meßwagen verwandt, die die genaue Aufgabe des Zementes sowie der Zuschlagstoffe nach der vorgeschriebenen Kornzusammensetzung gewährleisteten. Das fertige Betonmischgut wurde auf Betonrundkippern mittels Diesellokomotiven über ein Fördergleis von 600 mm Spur hinweg zur Verwendungsstelle transportiert und in den jeweils fertig hergerichteten Deckenabschnitt der Fahrbahn- bzw. Gehwegplatten eingebracht. Die Größe der einzelnen Decken- bzw. Arbeitsabschnitte wurde durch die Querträgerfugen bestimmt, da jeweils ein

Abb. 15. Bewehrung der Fahrbahnplatte.

zwischen zwei Querträgern liegendes Feld in einem Zuge betoniert werden mußte. Die Verdichtung des eingebrachten Betons geschah durch Innenrüttler unter Beachtung der vorläufigen Richtlinien für die Verwendung von Innenrüttlern DIN 4235 — Entwurf Oktober 1950 —, wobei größte Sorgfalt auf die Herstellung einer besonders stark verdichteten Oberfläche gelegt wurde.

Auf Grund eingehender Untersuchungen insbesondere der Zuschlagstoffe sowie des Zementes und erzielter Druckfestigkeiten vorher angefertigter Versuchswürfel wurde die Zusammensetzung des Betons für die Herstellung der Stahlbetonplatten genauestens festgelegt. Bei Verwendung von 350 kg hochwertigem Eisenportlandzement Z 325 (Hüttenwerk Oberhausen) je cbm fertigen Beton und als Zuschlagstoffe Rheinkies, der in den Körnungen 0—3, 3—7 und über 7 mm getrennt angeliefert wurde, war die Zusammensetzung des Betons nach Gewichten folgende:

> 1 Gewichtsteil Zement
> 1,85 Gewichtsteile Zuschlagstoffe 0—3 mm
> 1,05 Gewichtsteile Zuschlagstoffe 3—7 mm
> 2,95 Gewichtsteile Zuschlagstoffe über 7 mm.

Die während der Ausführung laufend erzielten Würfelfestigkeiten lagen weit über der vorgeschriebenen Druckfestigkeit von 400 kg/cm².

Während der Abbindezeit wurde der eingebrachte Beton sorgfältig naß gehalten und durch Aufstellen verschiebbarer Schutzdächer aus Zeltplanen gegen Sonnenstrahlen, Wind, Kälte und Regen geschützt.

Abb. 16. Aufsicht auf die linksrheinischen Vorlandbrücken, Fahrbahn- und Gehwegplatten kurz vor Fertigstellung.

Der Umfang der durchgeführten Arbeiten ist aus dem Lichtbild (vgl. Abb. 16) ersichtlich, welches die Aufsicht auf die linksrheinische Vorlandbrücke kurz vor der Fertigstellung der Fahrbahn- und Gehwegplatten zeigt. Die Arbeiten wurden Anfang März 1951 in Angriff genommen und Ende September 1951 beendet.

An Baustoffen wurden je Brückenseite 1240 cbm Rheinkies in drei Körnungen, 355 t hochwertiger Eisenportlandzement und 120 t Rundstahl I verwandt.

Die Bauleitung.

Von

Stadtbaudirektor **Richard Auberlen**, Dipl.-Ing. **Erwin Beyer** und Dipl.-Ing. **Friedrich Tussing**.

Die Aufstellung des Verwaltungsentwurfes und der Ausschreibung sowie die Prüfung der eingegangenen Sonderentwürfe der Firmen gaben der Brückenbauabteilung des Straßen- und Brückenbauamtes der Stadt Düsseldorf Gelegenheit, sich unter freundlicher Beihilfe der Herren Prof. Dr.-Ing. e. h. Karl Schaechterle und Dipl.-Ing. Louis Wintergerst eingehend in die Materie der auszuführenden Kastendeckbrücke einzuarbeiten.

Mit dem Personal der Abteilung Brückenbau, das auf zwei Diplom-Ingenieure, zwei Ingenieure und drei Techniker verstärkt worden war und dem in den letzten Monaten der Bauausführung drei weitere Ingenieure zur Verfügung gestellt wurden, waren folgende Bauleitungsaufgaben zu erledigen:

a) Die Aufstellung aller Verträge und deren Kostenabwicklungen,

b) die Prüfung aller Festigkeitsberechnungen und Konstruktionszeichnungen,

c) die Terminfestsetzungen und Bauüberwachung auf der Baustelle.

Die Überwachung der Werkstattarbeiten in den Stahlbauanstalten war den Abnahmeämtern der Bundesbahn in Auftrag gegeben.

Die Tatsache, daß die Leitung im Büro und auf der Baustelle in einer Hand lag, begünstigte die einfache und glatte Abwicklung der gestellten Aufgaben.

Die Prüfung und Bauüberwachung.

Neben der normalen Aufgabe, die eingereichten Festigkeitsberechnungen hinsichtlich Einhaltung der Berechnungsgrundlagen und der allgemein anerkannten Regeln der Technik zu prüfen, wurden folgende besonderen Vereinbarungen und Festlegungen getroffen:

a) D i e S c h w e i ß u n g. Um ein Höchstmaß an Sparsamkeit im Stahlverbrauch zu erreichen, wurde die Konstruktion der neuen Strombrücke in geschweißter Ausführung vorgesehen. Lediglich bei allen Baustellenstößen wurde von einer Schweißung abgesehen, weil beim Schweißen von Hauptnähten bei großer Kälte keine Gewähr für die Güte der Ausführung gesichert schien.

b) D e r W e r k s t o f f. Günstig für den Entschluß, das Bauwerk so weitgehend zu schweißen, war die Tatsache, daß in dieser Zeit der Vorplanung bei den Rheinischen Röhrenwerken, Mülheim/Ruhr, ein neuer Stahl entstanden war, der bei gleicher Festigkeit den Stahl 52 in der Schweißbarkeit bei weitem übertrifft. In Verhandlungen mit der Bundesbahn und mit dem Erfinder Dr. Nehl über die Vorteile dieses neuen Stahls wurde erreicht, daß die Bundesbahn für diesen neuen Stahl unter der Bezeichnung St 50 m. e. S. die „Vorläufigen technischen Lieferbedingungen" herausgab und sich die Stadt entschloß, den neuen Stahl, für den Bundesbahnabnahme vorgeschrieben war, für die Ausführung zu wählen.

Eine nähere Beschreibung dieses im Brückenbau zum erstenmal in größerem Umfang verwendeten Werkstoffes befindet sich im Beitrag: „Die neue Strombrücke".

c) D i e V e r k e h r s l a s t. Neben der Verkehrslast gemäß DIN 1072 vom April 1941, Brückenklasse I A (S), wurden für jede Richtungsfahrbahn die Einflüsse von 70-t-Panzern berücksichtigt. Für den Straßenbahnkörper wurde der Lastenzug der Rheinischen Bahngesellschaft, Düsseldorf, zugrunde gelegt. Hierbei wurde für die Bemessung der Hauptträger mit dem ungünstigsten Fall einer Verkehrsstockung gerechnet, bei der auf der gesamten Brückenlänge die

Straßenbahnwagen dicht aufgefahren sind. Im einzelnen war für die Berechnung nachfolgendes Belastungsblatt (Abb. 1) maßgebend.

1) Klasse I A (S) (Din 1072)

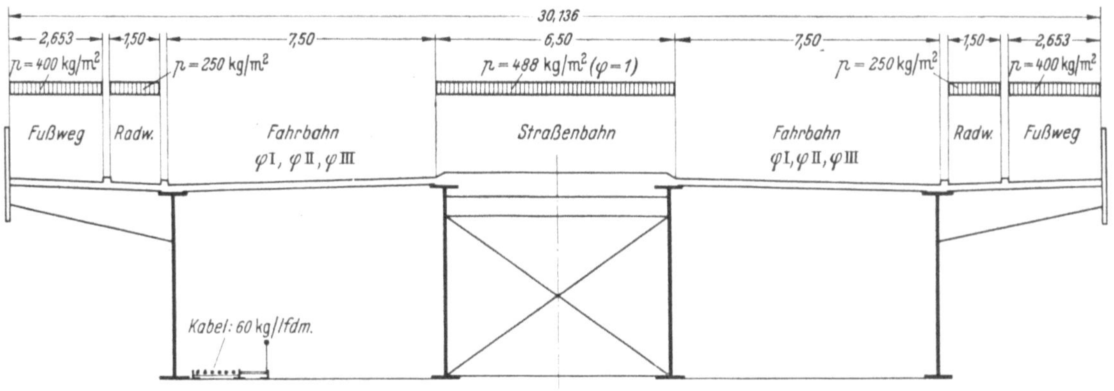

2) Raupenfahrzeug: (70 t)

Bei 70 t Raupenfahrzeugen sind englische Fahrzeuge im Abstande von 24,40 m in ungünstigster Stellung anzuordnen.

Durchschnittsdruck auf die Straße:

$$\frac{70}{3,66 \cdot 0,838 \cdot 2} = 11,4 \text{ t/m}^2 = 1,14 \text{ kg/cm}^2$$

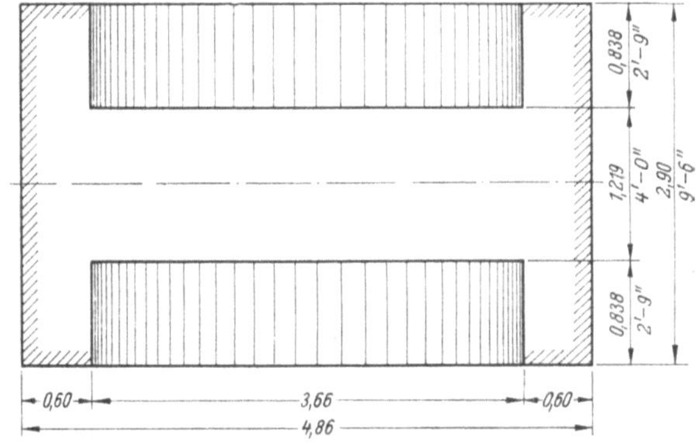

3) Straßenbahn:

Stadtwagen (2 Achs.)

a) Für die Bemessung der Einzelteile sind 2 Motorwagen hintereinanderfahrend zu berücksichtigen. (mit φ)

b) Für Hauptträger p = 1,58 t/m Gleis. (φ = 1)

4 Schwingbeiwerte für Straße und Straßenbahnen nach Din 1073. Für Raupenfahrzeug 70 t wird der Schwingbeiwert φ = 1,1 genommen.

5 Straßenbahnstreifen: Schienen auf Schienenlängsträger I P 24. Der Straßenbahnstreifen ist mit Gitterrosten abgedeckt. Hierfür g = 40 kg/m²
p = 500 kg/m²

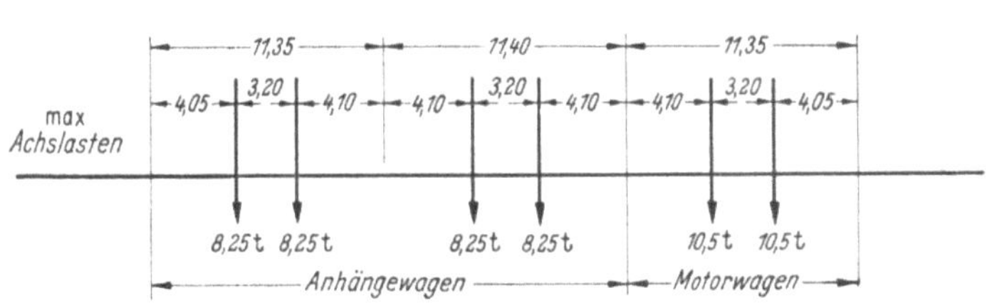

Abb. 1. Belastungsannahmen für Rheinbrücke Düsseldorf—Neuß.

d) **Der Hauptträgerquerschnitt.** Als Rechnungsvereinfachung wurde zugelassen, die quergeneigten oberen Fahrbahn- und Gehwegplatten mit einem mittleren Abstand zur Kastenschwerlinie in die Rechnung einzuführen. Für die Bemessung wurde der Nachweis der Widerstandsmomente wie folgt erbracht (s. Abb. 2):

W_{os} = Widerstandsmoment, bezogen auf den Schwerpunkt der oberen Platte,
$W_{o\perp}$ = Widerstandsmoment, bezogen auf den Schwerpunkt der Flansche der Fahrbahnlängsträger
W_{us} = Widerstandsmoment, bezogen auf den Schwerpunkt der unteren Platte (als Platte gilt das untere Blech mit den Längs = L-Eisen).

Die mit dem Kasten schubfest verbundenen Gehwegplatten wurden nur mit rd. $^3/_5$ ihrer Breite als Hauptträgerteil mitgerechnet.

e) Die Fahrbahnplatte. Für das Blech der Fahrbahnplatte, die im Beitrag: „Die neue Strombrücke" näher beschrieben ist, wird als zulässige Spannung aus reiner Biegung unter einer Radeinzellast, überlagert mit den Spannungen aus Trägerrost und Haupttragwerk, 3,0 t/cm² festgelegt. Somit ist eine 1,2fache Sicherheit gegen Fließen erreicht, da die Bleche aus Stahl St 50 m. e. S. bestehen, bei dem die garantierte Fließgrenze über 3,6 t/cm² liegt. An den in der Abb. 3 bezeichneten 6 Punkten ergeben sich beispielsweise folgende Vergleichsspannungen:

Pkt.	Spannungen aus Haupttragwirkung	Spannungen aus Trägerrostwirkung		Spannungen aus Fahrbahnblech		Schubspannungen	$\sigma_{yI} + \sigma_{yII} + \sigma_{yIII}$	$\sigma_{xII} + \sigma_{xIII}$	σ_g t/cm²
	σ_{yI} t/cm²	σ_{yII}	σ_{xII}	σ_{yIII}	σ_{xIII}	τ t/cm²			
1	$+1,484$	$-0,241$	$-0,312$	$+1,580$	$+1,880$		2,823	1,568	2,760
2	$+1,484$	$-0,068$	0	$+1,575$	$+1,925$	$\tau_{xy} = 0,346$	2,991	1,925	2,830
3	$+1,484$	$-0,112$	$-0,312$	$+1,560$	$+0,467$		2,932	0,155	2,870
4	$+1,484$	$+0,041$	0	$+1,560$	$+0,467$	$\tau_{xy} = 0,346$	3,085	0,467	2,970
5	$+1,484$	$-0,241$	$-0,312$	$-0,583$	$-1,945$		0,660	$-2,257$	2,610
6	$+1,484$	$-0,068$	0	$-0,583$	$-1,945$	$\tau_{xz} = 0,346$	0,833	$-1,945$	2,500
									$< 3,0$ t/cm²

Bei vorgenannter Spannungsüberlagerung wurden verschiedene entlastende Faktoren nicht berücksichtigt, sodaß gegenüber den oben aufgezeichneten Endspannungen noch weitere Spannungsminderungen hätten errechnet werden können.

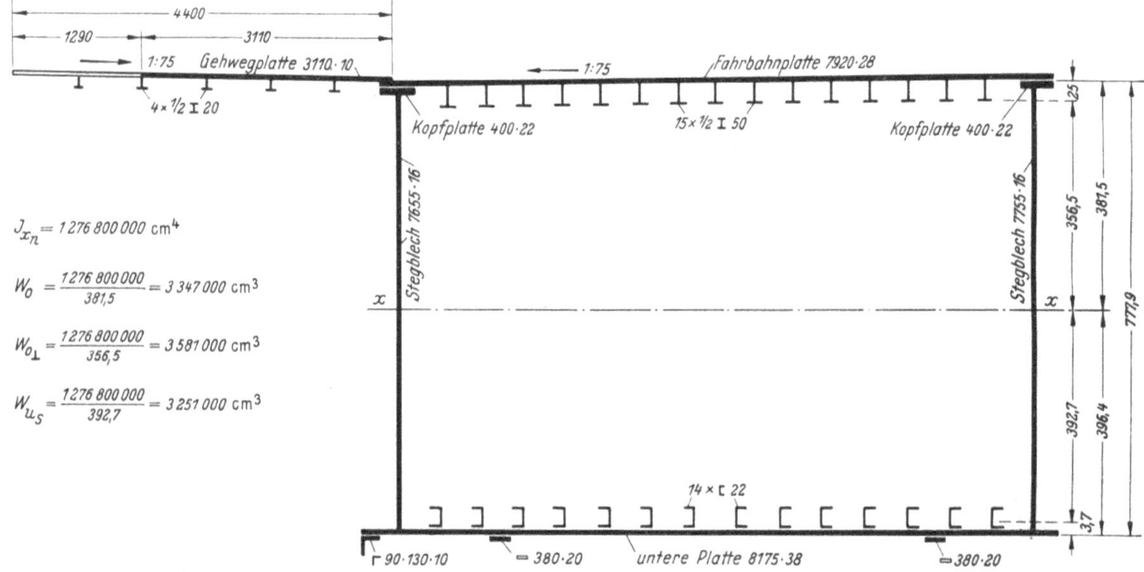

Abb. 2. Statische Werte des Hohlkastens in Punkt 9 bzw. 9'.

Die gesamte Prüfarbeit für Stahlbau und Tiefbau umfaßte:

	Festigkeitsberechnungen	Konstruktionszeichnungen
a) bei der Strombrücke	1800 Seiten	120 Blätter
b) bei den Flut- und Deichbrücken	80 Seiten	190 Blätter
c) bei den Fahrbahnplatten der Flut- und Deichbrücken und den Tiefbauarbeiten	60 Seiten	40 Blätter
Insgesamt:	1940 Seiten	350 Blätter

Hinzu kamen die Berechnungen und Zeichnungen für die Montage.

f) Überwachung der Werkstattarbeiten. Die von der Bundesbahn durchgeführte Überwachung der Werkstattarbeiten verteilte sich auf 6 Stahlbauanstalten. Die außergewöhnlich großen Ausmaße der vollständig geschweißten Einzelbauteile (Stegbleche, Fahrbahnplatte, untere Platte) verlangten größte Sorgfalt bei der Abnahme. Vor allem hinsichtlich der zulässigen Toleranzen für die Geradheit und Ebenheit der Konstruktion, mußten neue Wege gegangen werden, da der Freivorbau höchste Anforderungen an die Maßhaltigkeit aller Bauteile, die zudem aus verschiedenen Werkstätten kamen, stellte. Es zeigte sich im Verlauf der Montage, daß die gestellten Forderungen notwendig waren. Lobend muß anerkannt werden, daß es allen bei der Herstellung beteiligten Werkstätten gelungen ist, die geforderten, verhältnismäßig großen Genauigkeiten bei allen Schweißarbeiten einzuhalten. Dies darf bei der Größe der geschweißten Stücke als Fortschritt gewertet werden.

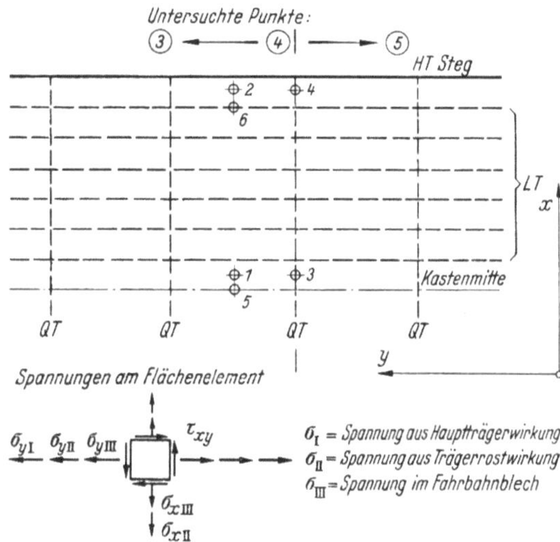

Abb. 3. Vergleichsspannungen im Fahrbahnblech der Rheinbrücke Düsseldorf—Neuß.

Zur Sicherung der Gesamtformgebung der Kastenträger war gefordert worden, die Stegbleche im Werk auszulegen, anzupassen und die Stöße aufzureiben. Die Kontrollen der Höhenlagen beim Freivorbau wurden von einem bewährten Meßtrupp des Vermessungsamtes der Stadt Düsseldorf durchgeführt.

Spannungsmessungen.

Um die in der Festigkeitsberechnung der Strombrücke getroffene Vereinbarung hinsichtlich des Haupttragquerschnittes am fertigen Bauwerk bestätigt zu bekommen, wurden in den Hohlkästen bei Punkt 9 und 9′, und zwar oberstrom wie unterstrom, zahlreiche über den ganzen Querschnitt verteilte Meßstrecken gemäß Abb. 4 angelegt, die zu Beginn und nach Beendigung des Freivorbaues mittels Setzdehnungsmesser gemessen wurden. Die Messungen wurden vom Institut für Bauforschung und Materialprüfungen des Bauwesens in Stuttgart ausgeführt. Durch Ausmittlung von vier verschiedenen Messungen ergab sich die Spannungsverteilungslinie der Abb. 5, die anzeigt, daß die Spannungen sich

1. nahezu gleichmäßig über die Fahrbahnplatte und
2. in gleicher Höhe bis zum Randträger des Fußweges verteilen.

Die für den Hauptträgerquerschnitt getroffene Annahme, wie auch die Annahme, daß $^3/_5$ der Breite des Gehweges mitgerechnet werden können, ist somit als sicher erwiesen. In der vollen Mitwirkung des 4,40 m breiten Fußstegbleches gegenüber der in der Berechnung nur mit 3,11 m eingeführten Breite erhält die Brücke eine zusätzliche Sicherheit.

Der Brückenanstrich.

Die Vorlandbrücken, von denen einige abgestürzt waren und gehoben wurden, hatten einen guterhaltenen grauen Anstrich aus Eisenglimmerfarbe, sodaß von einem neuen Grundanstrich abgesehen werden konnte. Die gesamte Stahlkonstruktion wurde mittels Sandstrahlgebläse überblasen, die verrosteten Stellen grau-blank entrostet; nur die entrosteten Teile erhielten einen neuen Bleimennige-Grundanstrich; dann wurden die Gesamtflächen zweimal mit Öl-Bleiweißfarbe (patinagrün) nach den Vorschriften der Bundesbahn, Stoff Nr. 4636/16 bzw. 4636/26 gestrichen.

Die Stahlkonstruktion für die S t r o m b r ü c k e wurde von den Stahlbauanstalten im Werk mit einem fetten Bleimennige-Grundanstrich auf den Außenflächen versehen. Auch die inneren Flächen (Hohlkasten) wurden bereits im Werk mit einem zweifachen Inertol-Anstrich (schwarz)

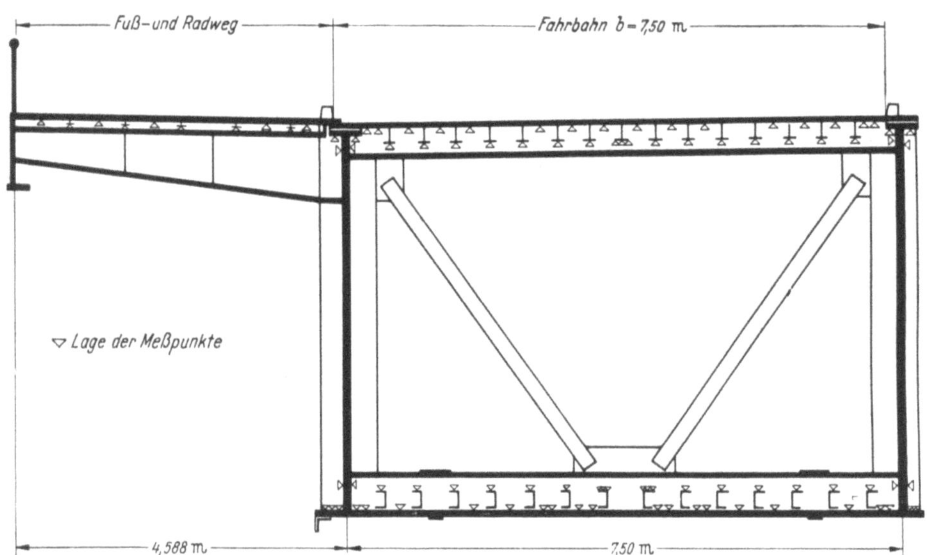

Abb. 4. Lage der Maßstellen.

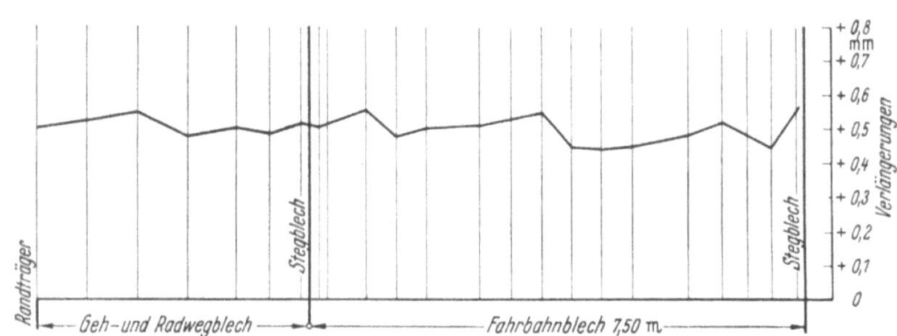

Abb. 5. Spannungsverteilung über Fahrbahn- und Gehwegplatte.

gestrichen. Nachdem auf der Baustelle die Schäden, die durch die Montage verursacht wurden, im Anstrich der Außen- bzw. auch der Innenflächen ausgebessert waren, konnte auf den Außenflächen ein durchgehender 1. und 2. Deckanstrich mit den gleichen Öl-Bleiweißfarben (patinagrün) aufgebracht werden.

Im einzelnen waren folgende Arbeiten auszuführen:

Vorlandbrücken · 40 000 m²   1. Deckanstrich Stoff Nr. 4636/16
     2. Deckanstrich Stoff Nr. 4636/26

Strombrücke: Außenflächen · · · · · · · · · · · · 35 000 m²   1. Deckanstrich Stoff Nr. 4636/16
     2. Deckanstrich Stoff Nr. 4636/26

Obere Flächen der Fahrbahn und der Geh-
und Radwege · 15 000 m²   Asphaltbelag

Innenflächen der Kästen · · · · · · · · · · · · · · · 50 000 m²   Zweifacher Inertol-Anstrich

Gesamt-Anstrichfläche · · · · · · · · · · · · · · · · 140 000 m²

86

Der Brückenfilm.

Über den Wiederaufbau der Brücke hat die Allgemeine Filmfabrikation, A.G., Wiesbaden, (Afifa) unter der künstlerischen Leitung des Herrn von Bothmer im Auftrage der Stadt Düsseldorf für interessierte Laien einen 800 m langen Tonfilm hergestellt, der den Werdegang der Brücke von der Stahlerzeugung bis zur Inbetriebnahme des Bauwerkes vor Augen führt. Dieser Film wird demnächst anlaufen. Er kann auch dem Fachmann eine Ergänzung zu dieser Schrift sein.

Allgemeine Angaben über Leistungen.

a) B a u k o s t e n. Die für den Wiederaufbau der Rheinbrücke Düsseldorf—Neuß aufgewendeten Kosten sind folgende:

1. Hebung und Instandsetzung der abgestürzten Vorlandbrücken . . . 1 900 000,— DM
2. Wiederherstellung der Pfeiler und Widerlager . . . . 700 000,— „
3. Stahlkonstruktion der neuen Strombrücke einschl. Lager . . . . . 6 500 000,— „
4. Betonfahrbahn der Vorlandbrücken einschl. Schrammborde . . . . 500 000,— „
5. Asphaltbelag der Strom- und Vorlandbrücken . . . . 250 000,— „
6. Anstrich der gesamten Brücke . . . . 325 000,— „
7. Abdeckung des Straßenbahnbereiches, Kabelstege und Besichtigungsstege 225 000,— „
8. Insgemeinkosten

    a) Abnahmekosten, Gutachten . . . . 85 000,— „
    b) Bauleitung . . . . 115 000,— „

    Insgesamt . . . . 10 600 000,— DM

b) Ü b e r s i c h t ü b e r d i e S t a h l g e w i c h t e :

		Die alte Brücke	Die neue Brücke
Vorlandbrücken	Siliziumstahl	3 220 t	3 220 t
	St 37	859 t	528 t
	Stg 52,81 S	151 t	176 t
	Summe	4 230 t	3 924 t
Strombrücke	Siliziumstahl	7 224 t	4 990 t (St 50 m. e. S.)
	St 37	1 020 t	1 230 t
	Stg. 52,81 S	220 t	115 t
	Summe	8 464 t	6 335 t
	Insgesamt	12 694 t	10 259 t

Der neue gesamte Brückenzug wiegt somit 81 % des Stahlgewichtes der alten Brücke, die neue Strombrücke dagegen nur 75 % des Gewichtes der alten Strombrücke trotz der Tatsache, daß die nutzbare Breite der alten Brücke

$$\text{von } 2\times 2,5 + 2\times 1,5 + 2\times 6,0 + 6,9 = 26,90 \text{ m}$$
$$\text{auf } 2\times 2,65 + 2\times 1,5 + 2\times 7,5 + 6,5 = 29,80 \text{ m}$$

vergrößert wurde.

c) Ü b e r s i c h t ü b e r g e s c h l a g e n e N i e t e u n d g e z o g e n e S c h w e i ß n ä h t e d e r S t r o m b r ü c k e.

Werkstattschweißnähte . . . . 200 km
Baustellenniete . . . . 350 000 Stück

Übersicht über die Stahlbetonmassen zur Flutbrücke:

	Beton	Bewehrungsstahl
Fahrbahnplatte, 20 cm stark	1500 cbm	31,2 kg/m²
Geh- und Radwege, 8 cm stark	350 cbm	12,7 kg/m²

d) Bauzeitplan: Abb. 6.

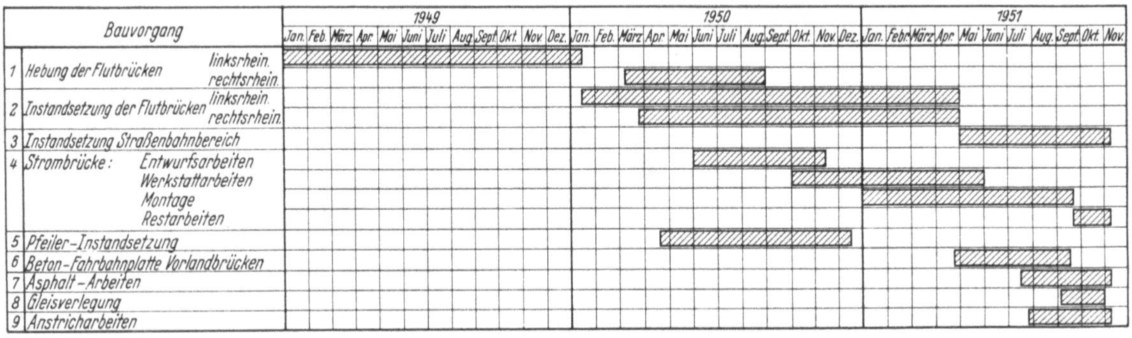

Bauvorgang		1949	1950	1951
		Jan. Feb. März Apr. Mai Juni Juli Aug. Sept. Okt. Nov. Dez.	Jan. Feb. März Apr. Mai Juni Juli Aug. Sept. Okt. Nov. Dez.	Jan. Febr. März Apr. Mai Juni Juli Aug. Sept. Okt. Nov.
1	Hebung der Flutbrücken — linksrhein. / rechtsrhein.			
2	Instandsetzung der Flutbrücken — linksrhein. / rechtsrhein.			
3	Instandsetzung Straßenbahnbereich			
4	Strombrücke: Entwurfsarbeiten / Werkstattarbeiten / Montage / Restarbeiten			
5	Pfeiler-Instandsetzung			
6	Beton-Fahrbahnplatte Vorlandbrücken			
7	Asphalt-Arbeiten			
8	Gleisverlegung			
9	Anstricharbeiten			

Abb. 6. Bauzeitplan der Rheinbrücke Düsseldorf—Neuß.

Liste der Beteiligten.

A m B a u d e r n e u e n R h e i n b r ü c k e w i r k t e n m a ß g e b l i c h m i t :

Der Dezernent des Bauwesens der Stadt Düsseldorf, Beigeordneter Dr. F. Schreier.

Das Straßen- und Brückenbauamt der Stadt Düsseldorf als Bauleitung und Bauaufsichtsbehörde:

    Stadtbaudirektor Auberlen
    Städt. Baurat Beyer
    Dipl.-Ing. Tussing
    t. Stadtinspektor Maeschig
    Ing. Rummel
    Reichsbahnamtmann a. D. Schneider (früher RBD Wuppertal)
    t. Stadtinspektor Kasperzak
    von der Ehe, Nietprüfer

Entwurfsberatung: Prof. Dr.-Ing. e. h. Karl Schaechterle, Stuttgart, und

Ingenieurbüro Dipl.-Ing. Wintergerst und Kleinbub, Eßlingen.

Beratung bei der äußeren Formgebung: Prof. Friedrich Tamms, Düsseldorf.

I n d e n K o n s t r u k t i o n s b ü r o s , i n d e n W e r k s t ä t t e n u n d a n d e r
B a u s t e l l e :

    Firma Hein, Lehmann & Co., A.G., Düsseldorf, federführend für die Strombrücke
        Direktor Harhoff
        Dipl.-Ing. Lange
        Dipl.-Ing. Kraemer
        Obering. Fey
        Obering. Gehlen
        Dipl.-Ing. Pesch
        Dipl.-Ing. Hartwig
        Dipl.-Ing. Lenssen
        Schweißingenieur Wendt
        Ing. v. Runset
        Oberrichtmeister Suhr

    Firma Demag, Duisburg
        Direktor Wenk
        Obering. Kies
        Dipl.-Ing. Ernst
        Dipl.-Ing. Rüber
        Ing. Heymann
        Ing. Wolters

    Firma Gutehoffnungshütte, Oberhausen-Sterkrade
        Direktor Dr. Ing. Höhne
        Dr.-Ing. Stoltenburg
        Dipl.-Ing. Schulz
        Dipl.-Ing. Heß
        Obering. Reckwitz
        Richtmeister ten Hagen

    Firma Gollnow & Sohn, Düsseldorf
        Dr. Ing. e. h. Gollnow
        Dr.-Ing. Feige
        Dipl.-Ing. Hoppert

    Firma Neußer Eisenbau — Bleichert —, Neuß/Rhein, federführend für die Vorlandbrücken
        Direktor Göing
        Dr. Ing. Pilz

Obering. Reisdorf
Obering. Steinbrecher
Montage-Ing. Baumgarten

Firma Eikomag, Düsseldorf-Benrath:
Montage-Ing. Koch
Richtmeister Pieper

Firma C. H. Jucho, Dortmund
Montage-Ing. Tuschen
Oberrichtmeister Tobias

Die Tiefbauarbeiten führten aus:
Arbeitsgemeinschaft der Firmen
Holzmann A.G. Düsseldorf und Eduard Züblin, Duisburg

Dir. Bischoff	Dipl.-Ing. Jurowitsch
Dipl.-Ing. Erbe	Ing. Kaspers
Ing. Schaffner	

Firma Ingenieurbau Meyer u. Wiesner, Düsseldorf
Dipl.-Ing. Meyer
Dipl.-Ing. Wiesner
Obering. Harenbrock
Dipl.-Ing. Ziese
Dipl.-Ing. Schmidt
Ing. Steiner

Firma Beton- und Monierbau, Düsseldorf
Ing. Helms

Entrostung und Anstrich:
Firma Emil Maechler, Düsseldorf
G. Eckelt

Asphaltarbeiten:
Firma Teerstraßenbau Essen, Abt. Sonderaufgaben

Vermessungsarbeiten:
Städt. Verm.-Rat Dr. Hensel
Dipl.-Ing. Feige
Dipl.-Ing. Schwebig
Vermessungsamt der Stadt Düsseldorf

Gleisarbeiten:
Rheinische Bahngesellschaft Düsseldorf
Obering. Boyde
Dipl.-Ing. Hensel
Ing. Kelzenberg
Ing. Nowodny

Firma Budde
Firma Kugelmeier

Bundespost:
Oberpostrat Doldinger

Stadtwerke Düsseldorf:
Obering. Petrus
Dipl.-Ing. Schäfer